工程训练基础教程

主　编：梁　毅　田　双

副主编：姚　冰　蔡亚庆　段文婧

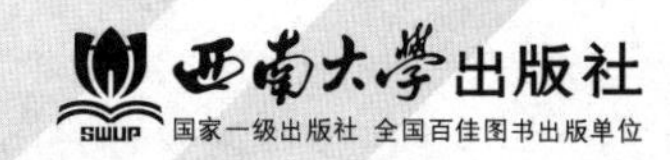

图书在版编目(CIP)数据

工程训练基础教程 / 梁毅, 田双主编. -- 重庆:
西南大学出版社, 2022.3
ISBN 978-7-5697-1282-7

Ⅰ. ①工… Ⅱ. ①梁… ②田… Ⅲ. ①机械制造工艺
—高等学校—教材 Ⅳ. ①TH16

中国版本图书馆CIP数据核字(2022)第036265号

工程训练基础教程

GONGCHENG XUNLIAN JICHU JIAOCHENG

梁 毅 田 双◎主编

责任编辑:翟腾飞
责任校对:曾庆军
装帧设计:起源设计
排 版:瞿 勤
出版发行:西南大学出版社(原西南师范大学出版社)
地址:重庆市北碚区天生路2号
邮编:400715 市场营销部电话:023-68868624
印 刷:重庆华数印务有限公司
幅面尺寸:185 mm×260 mm
印 张:10.75
字 数:235千字
版 次:2022年3月 第1版
印 次:2022年3月 第1次
书 号:ISBN 978-7-5697-1282-7
定 价:39.00元

前言

工程训练是一门实践基础课，是机械类各专业学生学习机械制造基础等课程的必修课，是非机械类有关专业教学计划中重要的培养实践动手能力和工程素质的实践教学环节，让学生熟练掌握钳工、车工、铸造、焊接、数控加工及特种加工等多种操作技能，掌握加工各种形状特征零件的操作步骤和加工方法，掌握各种工具、量具和相关设备的正确使用与维护保养等，熟悉安全文明生产的一般要求，为专业课学习及今后工作打下坚实基础。学习该课程的目的是使学生了解安全生产法，了解我国工业发展概况，增强民族自信心和自豪感，提升人文素养、增加文化认同和行业认同，激发学生爱国热情和奉献精神，塑造吃苦耐劳、精益求精的工匠精神，勉励学生树立社会担当和社会责任感。在认真总结多年的工程训练教学基础上，我们编写了本教材。

本书内容依据高等院校课程标准，以学生产出为目的，以安全实训为前提，围绕工程训练实践内容展开相应理论知识讲解，由浅入深、系统全面，让学生在掌握工程训练实操技能的同时，也掌握相应的理论知识，形成“理论指导实践、实践验证理论”的良性循环教学过程。另外，随着新材料、新工艺、新设备、新技术的出现，我们尽可能将这些“四新”内容融入教材中，保证工程训练内容及时跟进社会生产技术。同时，作为基于课程思政的工程训练探索性教材，我们通过潜移默化的方式增加课程思政内容。为了培养学生的思考能力，各章后均有复习思考题。

本书由贵州民族大学梁毅、田双担任主编，姚冰、蔡亚庆、段文婧担任副主编，黄成泉教授担任本书主审，全书由田双统稿。

本书在编写过程中，参考了有关文献资料，得到了余秀州、姚和英等人的大力帮助，在此对相关作者及人员深表感谢。由于编者水平有限，书中难免有欠妥之处，敬请读者给予批评指正。

编者

2021年11月

目录

项目一
工程训练基础

一、实训目的和要求

（1）了解工程训练中的安全基础知识，提高学生的安全意识。

（2）认识常用量具的结构、读数原理和应用领域，掌握常用量具的使用方法和保养方法。

（3）掌握加工精度和表面质量的基本概念及尺寸公差、几何公差、表面粗糙度的测定方法。

（4）提升学生人文素养、增加文化认同和行业认同，塑造吃苦耐劳、精益求精的工匠精神。

二、安全基础知识

实训中，如果参训人员不遵守工艺操作规程或者缺乏一定的安全知识，很容易发生机械伤害、触电、烫伤等工伤事故。因此，参训人员必须经过安全教育培训合格后方能展开实训教学。安全教育包含共性基础安全教育和专业安全教育（专业工种和专业设备操作）两部分。安全教育形式可结合线上线下两种方式开展，内容主要涵盖冷、热加工安全技术和电气安全技术等。

冷加工主要指车、铣、刨、磨和钻等切削加工，其特点是使用的装夹工具和被切削的工件或刀具间存在高速的相对运动，易造成刺拉伤、物体打伤、绞伤、烫伤等人身伤害事故。

热加工一般指铸造、锻造、焊接和热处理等工艺过程，其特点是生产过程伴随着高温、有害气体、粉尘和噪声等严重影响健康的作业环境，常见热加工工伤事故中，烫伤、喷溅和磕碰伤害占比较大。

电力传动和电气控制在加热、高频热处理和电焊等方面的应用十分广泛，实习时必须严格遵守电气安全守则，避免触电事故。

鉴于此，为了做到安全实训，特制订“工程训练安全操作规程总则”，内容如下：

安全操作规程是加强安全管理、搞好安全教学与生产的一项重要管理制度，是实训指导教师及实习学生必须自觉遵守的规章制度，安全操作是实习、生产过程中人身和设备安全的保证。

（1）各工种的安全实习、生产制度，必须切实贯彻到实习、生产全过程中。

（2）严禁在实习现场打闹、嬉戏以及做一切与实习、生产无关的事，以免影响他人工作或造成事故。

（3）实习时要穿工作服，女同学要戴工作帽,长头发要压入帽内，严禁戴手套操作机床，不准穿拖鞋、凉鞋、高跟鞋进入实验室。

（4）未经许可，严禁擅自动手操作机器设备。设备使用前要检查，发现损坏或其他故障应停止操作并及时报告，操作机器须绝对遵守该设备的安全操作规程。

（5）使用电气设备，必须严格遵守操作规程，防止触电。

（6）如果发生事故，立即关闭电源。

（7）要做到文明实训，保持实验室整洁。

三、常用量具使用简介

在机械产品的制造过程中，为了保证工件的加工质量符合图纸要求，需经常对工件进行检测，测量时所用的工具称为量具。量具的种类很多，在工程训练中常用的量具有直尺、游标卡尺、千分尺、百分表、卡规与塞规、直角尺等。根据工件的形状、尺寸和技术要求的不同，应选用不同类型的量具。

（一）直尺

直尺是由一组或多组有序的标尺标记及标尺数码所构成的测量器具，是最简单的长度量具，常见规格有 150 mm、300 mm、500 mm、1000 mm 等，图 1-1 为 150 mm 金属直尺。因刻度线本身的宽度就有 0.1~0.2 mm，所以测量时读数误差比较大，常用来测量毛坯和精度要求不高的工件。

图 1-1　150 mm 直尺

1. 直尺的使用方法

（1）使用直尺时，一般以左端的零刻度线为测量基准，这样不仅便于找正测量基准，而且便于读数。测量时，尺要放正，不得前后左右歪斜。

（2）用直尺测圆截面直径时，被测面应平，使尺的左端与被测面的边缘相切，摆动尺子找出最大尺寸，即为直径尺寸。

（a）测量长度　　（b）测量直径

图1-2　直尺测量示意图

2. 金属直尺保养与注意事项

（1）在每次使用完毕后，用干净抹布擦拭干净，并摆放整齐。

（2）直尺表面刻度始终保持清晰，必要时以防锈油擦拭直尺，以防止生锈。

（二）角尺

直角尺两条边成90°，主要用来检验工件表面的垂直度或刻划垂直线。常用来粗略检测垂直度误差，如图1-3所示。

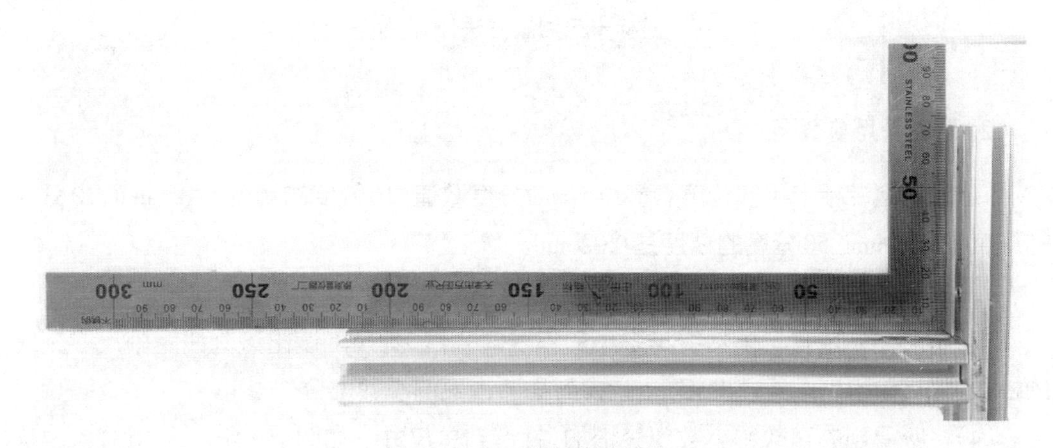

图1-3　垂直度检测

（三）游标卡尺

游标卡尺是一种结构简单、中等精度的量具，可以直接量出工件的外径、内径、长度和深度尺寸。游标卡尺有0.02 mm、0.05 mm和0.1 mm三种分度值，常用的是分度值为0.02 mm的游标卡尺。

1. 游标卡尺测量方法(测量外表面)

(1)使用前,松开尺框上固紧螺钉,将尺框平稳拉开,用布将测量面、导向面擦干净。

(2)检查“零”位。轻推尺框,使卡尺两个量爪测量面合并,观察游标“零”刻线与尺身“零”刻线是否对齐,游标尾刻线与尺身相应刻线是否对齐。

(3)将被测物擦干净,使用时轻拿轻放,松开游标卡尺的固紧螺钉,校准零位,向后移动外测量爪,使两个外测量爪之间距离略大于被测物体。

(4)一只手拿住游标卡尺的尺架,将待测物置于两个外测量爪之间,另一手向前推动活动外测量尺,至活动外测量尺与被测物接触为止。如图1-4所示。

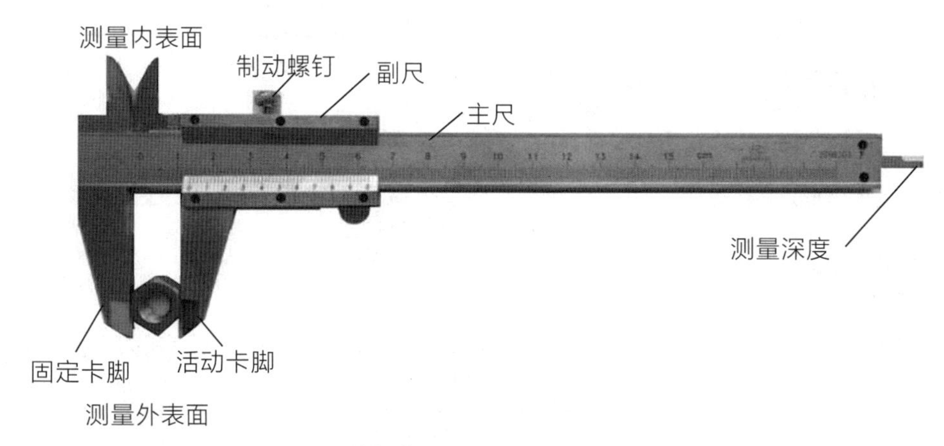

图1-4 游标卡尺测量方法(测量外表面)

2. 游标卡尺的读数

(1)看清楚游标卡尺的分度,精度=1 mm/分度数值,10分度的精度是0.1 mm,20分度的精度是0.05 mm,50分度的精度是0.02 mm。

(2)在主尺上读出副尺零线以左的刻度,该值就是最后读数的整数部分。

(3)副尺上一定有一条刻线与主尺的刻线对齐,在刻尺上读出该刻线距副尺零刻线的格数,将其与刻度间距精度相乘,就得到最后读数的小数部分。

(4)将所得到的整数和小数部分相加,就得到总尺寸。如图1-5所示为50分度游标卡尺读数示意图,读数值为 $21+23\times0.02=21.46$ mm。

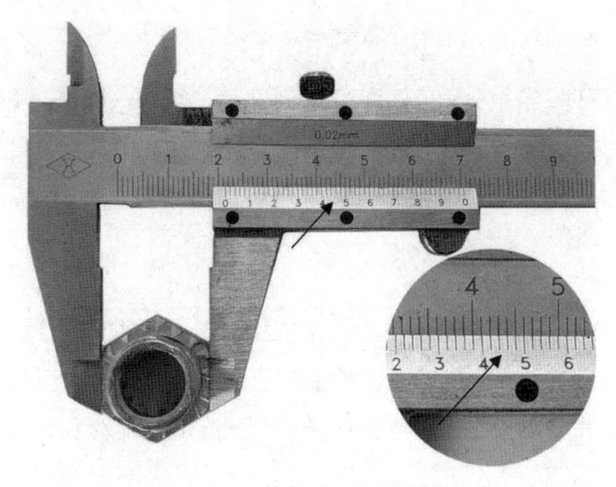

图1-5 游标卡尺读数方法

3. 游标卡尺的保养及保管

(1)轻拿轻放,不准随意乱扔乱放。

(2)卡尺使用完毕必须擦净上油,两个外量爪间保持一定的间隙,拧紧制动螺钉,放回到卡尺盒内。

(3)不得放在潮湿、湿度变化大的地方。

(四)千分尺

千分尺是比游标卡尺更精密的测量长度的工具,用它测长度可以准确到0.01 mm,测量范围较小。可分为外径千分尺、内径千分尺、深度千分尺等,其中以外径千分尺用得最为普遍。外径千分尺的结构由固定的尺架、测砧、测微螺杆、固定套管、微分筒、测力装置、锁紧装置等组成。固定套管上有一条水平线,这条线上、下各有一列间距为1 mm的刻度线。微分筒上的刻度线是将圆周分为50等分的水平线,它是旋转运动的。如图1-6所示。

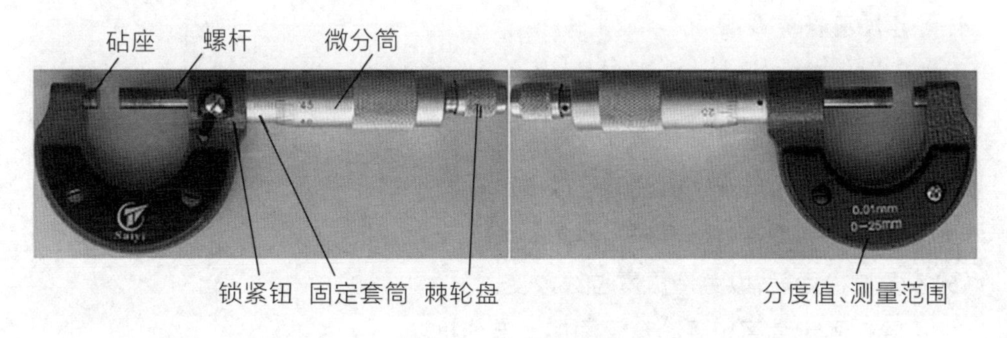

图1-6 外径千分尺

1. 测量原理

根据螺旋运动原理，当微分筒（又称可动刻度筒）旋转一周时，测微螺杆前进或后退一个螺距0.5 mm。这样，当微分筒旋转一个分度后，它转过了1/50周，这时螺杆沿轴线移动了1/50×0.5 mm=0.01 mm，因此，使用千分尺可以准确读出0.01 mm的数值。

2. 零位校准

使用千分尺时先要检查其零位是否校准，因此先松开锁紧装置，清除油污，特别是测砧与测微螺杆间接触面要清洗干净。检查微分筒的端面是否与固定套管上的零刻度线重合，若不重合应先旋转旋钮，直至螺杆要接近测砧时，旋转测力装置，当螺杆刚好与测砧接触时会听到"喀喀"声，这时停止转动。如两零线仍不重合，可将固定套管上的小螺丝松动，用专用扳手调节套管的位置，使两零线对齐，再把小螺丝拧紧。

3. 读数方法

外径千分尺的读数方法如下：①由固定套管上露出的刻线读出被测工件的整数（上边格）和半毫米（下边格出来，加0.5 mm）数；②在微分套筒上由固定套管纵刻线读出被测工件的小数部分；③将整数和小数部分相加，即为被测工件的尺寸。如图1-7所示，其中左图读数为10.638 mm，右图读数为11.255 mm。

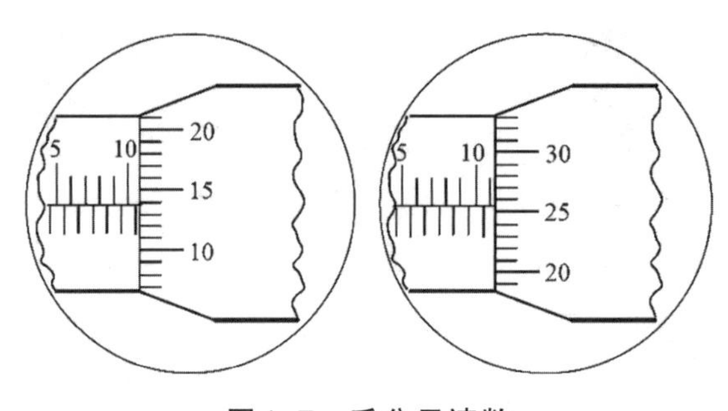

图1-7　千分尺读数

4. 千分尺的保养及使用

（1）检查零位线是否准确。

（2）测量时需把工件被测量面擦干净。

（3）工件较大时应放在V型铁或平板上测量。

（4）测量前将测量杆和砧座擦干净。

（5）不要拧松后盖，以免造成零位线改变。

（6）不要在固定套筒和活动套筒间加入普通机油。

（7）用后擦净上油，放入专用盒内，置于干燥处。

(五)百分表

百分表是一种精度较高的比较测量工具。它只能测出相对数值,主要用来检测工件的几何误差,如圆度、平面度、垂直度、跳动等,也常用于校正工件的安装位置和工件的精密找正等,结构如图1-8所示。

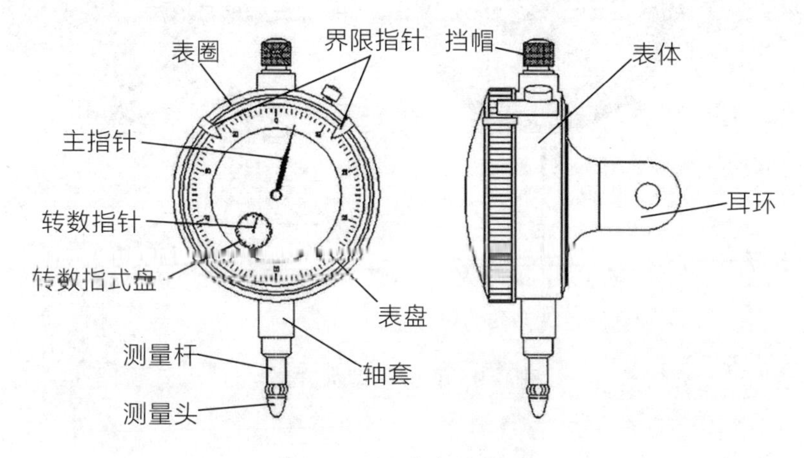

图1-8 百分表结构图

1. 百分表使用方法

(1)使用前,应检查测量杆活动的灵活性。即轻轻推动测量杆时,测量杆在套筒内的移动要灵活,没有任何卡滞现象,每次手松开后,指针能回到原来的刻度位置。

(2)使用时,必须把百分表固定在可靠的夹持架上。

(3)测量时,不要使测量杆的行程超过它的测量范围,不要使表头突然撞到工件上,也不要用百分表测量表面粗糙或有显著凹凸不平的工件。

(4)测量平面时,百分表的测量杆要与平面垂直,测量圆柱形工件时,测量杆要与工件的中心线垂直,否则,将使测量杆活动不灵或测量结果不准确。

2. 读数方法

先读小指针转过的刻度线(即毫米整数),再读大指针转过的刻度线并乘以0.01(即小数部分),然后两者相加。如图1-9所示,读数为:0.87。

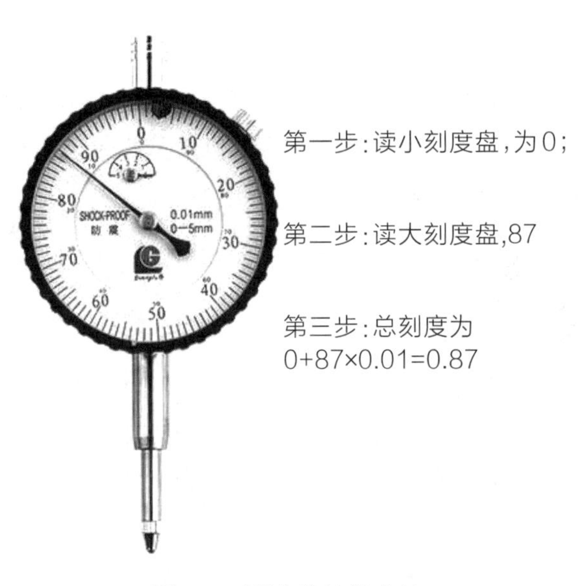

图1–9　百分表读数方法

3. 百分表维护与保养

（1）远离液体，不使冷却液、切削液、水或油与内径表接触。

（2）不使用时,要摘下百分表，使表解除其所有负荷,让测量杆处于自由状态。

（3）成套保存于盒内，避免丢失与混用。

（六）塞尺

塞尺是一种测量工具，主要用于间隙、间距的测量，它是由一组具有不同厚度级差的薄钢片组成的量规。在检验被测尺寸是否合格时，可以用通尺法判断，也可由检验者根据塞尺与被测表面配合的松紧程度来判断。塞尺一般用不锈钢制造，最薄的为0.02 mm，最厚的为3 mm。自0.02～0.1 mm间，各钢片厚度级差为0.01 mm；自0.1～1 mm间，各钢片的厚度级差一般为0.05 mm；自1 mm以上，钢片的厚度级差为1 mm。如图1–10所示。

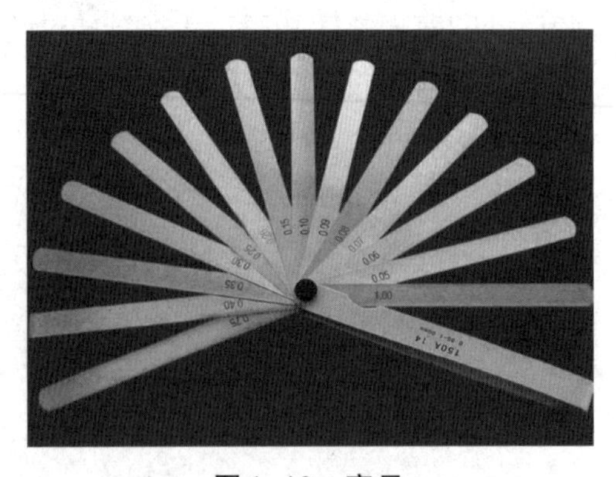

图1–10　塞尺

1. 塞尺的使用方法

(1)先将要测量工件的表面清理干净,不能有油污或其他杂质,必要时用油石清理。

(2)形成间隙的两工件必须相对固定,以免因松动导致间隙变化而影响测量效果。

(3)根据目测的间隙大小选择适当规格的塞尺逐个塞入。如:用0.03 mm能塞入,而用0.04 mm不能塞入,这说明所测量的间隙值在0.03 mm与0.04 mm之间。

(4)当间隙较大或希望测量出更小的尺寸范围时,单片塞尺已无法满足测量要求,可以使用数片叠加在一起插入间隙中(在塞尺的最大规格满足使用间隙要求时,尽量避免多片叠加,以免造成累计误差),如:间隙片最大规格为0.5 mm,间隙尺寸大约在0.65 mm时,就需要使用0.5 mm与0.15 mm片叠加测量。

2. 塞尺使用注意事项

(1)使用塞尺前须确认是否经校验及在校验有效期内。

(2)不允许在测量过程中剧烈弯折塞尺,或用较大的力硬将塞尺插入被检测间隙,否则将损坏塞尺的测量表面或零件表面的精度。

(3)根据结合面的间隙情况选用塞尺片数,但片数愈少愈好。

(4)不能测量温度较高的工件。

(5)读数时,按塞尺片上所标数值直接读数即可。

(6)使用完后,应将塞尺擦拭干净,然后将塞尺折回夹框内。

(七)卡钳

卡钳是具有两个可以开合的钢制卡脚的测量工具。卡钳有外卡钳和内卡钳两种,如图1-11所示,分别用于测量外型尺寸(外径或厚度)和内型尺寸(内径或槽宽)。卡钳是一种间接的测量工具,它本身不能直接读出所测量的尺寸,必须与金属直尺(或其他刻线量具)配合使用。

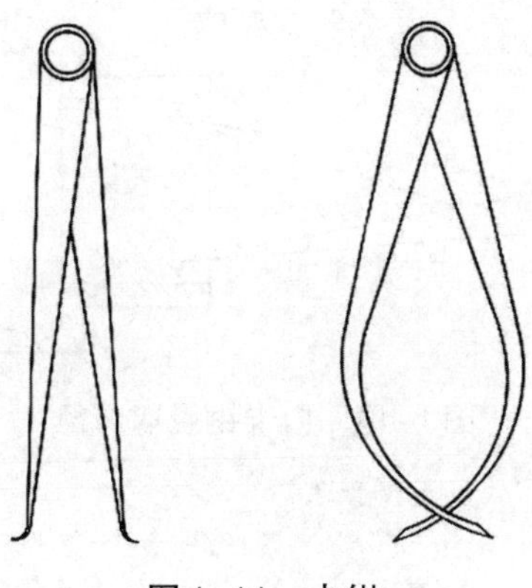

图1-11　卡钳

1. 卡钳的使用方法

卡钳的使用方法有两种:卡钳在钢尺上取尺寸法(如图1-12)和卡钳测量法。

(1)卡钳在钢尺上取尺寸法。外卡钳的一个钳脚的测量面靠着钢尺的端面,另一钳脚的测量面对准所取的尺寸刻线,且两测量面的连线应与钢尺平行。使用内卡钳时,其取尺寸方法与外卡钳一样,只是在钢尺的端面须靠着一个辅助平面,内卡钳的一个脚也靠着该平面。

(2)卡钳测量法用外卡钳测量圆的中心距时,要使两钳脚测量面的连线垂直于圆的轴线,不加外力,靠外卡钳自重滑过圆的外圆,这时外卡钳开口尺寸就是圆柱的直径(如图1-13)。用内卡钳测量孔的直径时,要使两钳脚测量面的连线垂直并相交于内孔轴线,测量时一个钳脚靠在孔壁上,另一个钳脚由孔口略偏里面一些逐渐向外测试,并沿孔壁的圆周方向摆动,当摆动的距离最小时,内卡钳的开口尺寸就是内孔直径(如图1-14)。

注意:轻敲卡钳的内侧和外侧来调整开口的大小,绝不允许敲击卡钳尖端,以免影响卡钳的准确性。

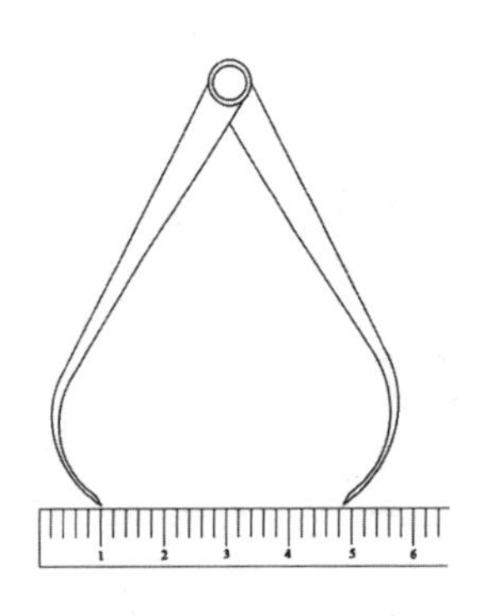

图1-12　外卡钳量取尺寸

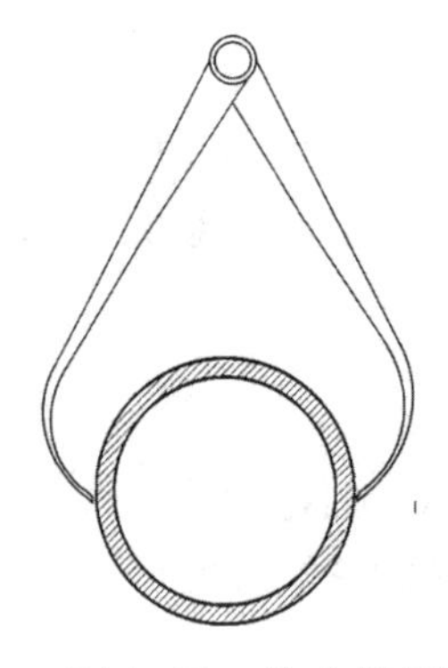

图1-13　外卡钳量取外径

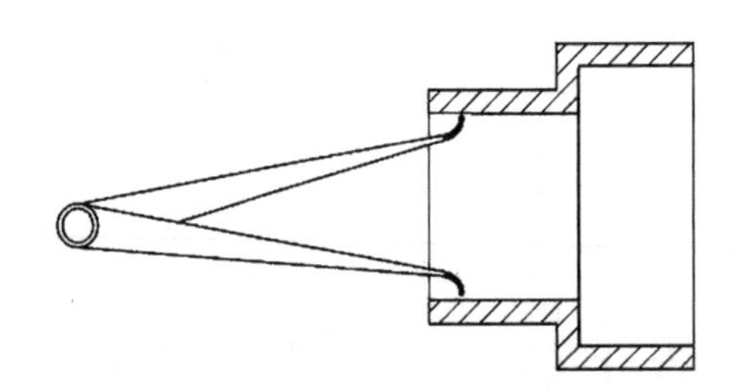

图1-14　内卡钳量取内径

2. 注意事项

(1)在测量的时候首先要检查外观,看一看卡钳是否有破损、油污、生锈等情况。之后活动活动卡钳,检查有无卡滞,活动是否自如。

(2)如果是外卡钳,先把卡钳的两个钳爪打开,开距超过被测物。用手捏住卡钳,把卡钳套住被测物。之后向回拉,等钳爪的尖接触到被测物后停住,再反复接触两到三次,距离要小。之后取下卡钳,用直尺测量两个钳爪的直线距离。

(3)如果是内卡钳,也要把卡钳的两个钳爪打开,开距不要超过被测物。捏住卡钳,把卡钳放入被测物内部,再把钳爪打开,直到接触被测物,之后轻轻提上来,再用直尺测量钳爪的直线距离。

(4)在每次使用完毕后,用干净的拭布擦拭直尺外表,并擦拭干净。必要时以防锈油擦拭卡钳的外表,以防止生锈。

3. 卡钳的适用范围

卡钳是一种简单的量具,由于它具有结构简单、制造方便、价格低廉、维护和使用方便等特点,广泛应用于要求不高的工件尺寸的测量和检验。在对锻、铸件毛坯尺寸测量和检验时,卡钳是最合适的测量工具。

四、加工精度与表面质量认识

评价工件加工质量的主要指标为加工精度和表面质量。加工精度越高,加工误差越小,工件的加工精度包括尺寸精度和几何精度。表面质量是指工件经过切削加工后的表面粗糙度、表面的残留应力、表面的冷加工硬化等,其中表面粗糙度对其使用性能影响最大。

(一)加工精度

机械加工精度是指工件在机械加工后的实际几何参数与零件图纸所规定的参数的接近程度,可分为尺寸精度、几何形状精度、相互位置精度。而它们之间不相符合的程度,则称为机械加工误差。

1. 尺寸公差

尺寸公差是指在零件制造过程中,由于加工或测量等因素的影响,完工后的实际尺寸总存在一定的误差。为保证零件的互换性,必须将零件的实际尺寸控制在允许变动的范围内,这个允许的尺寸变动量称为尺寸公差。尺寸公差越小,尺寸精度越高。为了满足不同精度要求,国家标准GB/T 1800-2020规定,尺寸的标准公差分为20级,分别用IT01、IT0、IT1、IT2、…、IT18表示。IT表示公差等级,其中,IT01公差等级最高。公差数值越小,公差等级越高,加工成本就越高。

2. 几何公差

几何公差也叫形位公差，包括形状公差和位置公差。见表1-1。

表1-1　几何公差及符号

分类	特征项目	符号
形状公差	直线度	—
	平面度	▱
	圆度	
	圆柱度	⌭
	线轮廓度	⌒
	面轮廓度	⌓

分类		特征项目	符号
位置公差	定向	平行度	//
		垂直度	⊥
		倾斜度	∠
	定位	同轴度	◎
		对称度	⌯
		位置度	⌖
	跳动	圆跳动	↗
		全跳动	⌰

(1)形状公差。

形状公差是指单一实际要素的形状所允许的变动量，包括直线度、平面度、圆度、圆柱度、线轮廓度和面轮廓度。

直线度是限制实际直线对理想直线变动量的一项指标，主要表示实际直线直不直。

平面度是限制实际平面对理想平面变动量的一项指标，主要表示实际平面平不平。

圆度是限制实际圆对理想圆变动量的一项指标。它是对具有圆柱面(包括圆锥面、球面)的零件，在一正截面(与轴线垂直的面)内的圆形轮廓要求。

圆柱度是限制实际圆柱面对理想圆柱面变动量的一项指标。它控制了圆柱体横截面和轴截面内的各项形状误差，如圆度、素线直线度、轴线直线度等。圆柱度是圆柱体各项形状误差的综合指标。

线轮廓度是限制实际曲线对理想曲线变动量的一项指标。它是对非圆曲线的形状精度要求。

面轮廓度是限制实际曲面对理想曲面变动量的一项指标。它是对曲面的形状精度要求。

(2)位置公差。

平行度是用来控制零件上被测要素(平面或直线)相对于基准要素(平面或直线)的

方向偏离0°的要求，即要求被测要素对基准等距。

垂直度是用来控制零件上被测要素（平面或直线）相对于基准要素（平面或直线）的方向偏离90°的要求，即要求被测要素对基准成90°。

倾斜度是用来控制零件上被测要素（平面或直线）相对于基准要素（平面或直线）的方向偏离某一给定角度（0°～90°）的程度，即要求被测要素对基准成一定角度（除90°外）。

同轴度是用来控制理论上应该同轴的被测轴线与基准轴线的不同轴程度。

对称度是用来控制理论上要求共面的被测要素（中心平面、中心线或轴线）与基准要素（中心平面、中心线或轴线）的不重合程度。

位置度是用来控制被测实际要素相对于其理想位置的变动量，其理想位置由基准和理论正确尺寸确定。

圆跳动是被测实际要素绕基准轴线作无轴向移动、回转一周中，由位置固定的指示器在给定方向上测得的最大与最小读数之差。

全跳动是被测实际要素绕基准轴线作无轴向移动的连续回转，同时指示器沿理想素线连续移动，由指示器在给定方向上测得的最大与最小读数之差。

（二）表面质量

表面质量是对零件表面层宏观和微观形状误差及表面层力学性质的综合描述，包括：表面粗糙度、表面波纹度、表面层力学性质，如表面层冷作硬化、残余应力及金相组织状况等。表面质量对零件使用性能和寿命有重大影响，其中影响最大的为表面粗糙度。

1. 表面粗糙度

表面粗糙度是指加工表面具有的较小间距和微小峰谷的不平度，是由零件加工过程中刀具与加工表面之间的摩擦、挤压等原因造成，如图1-15。表面粗糙度对零件的工作精度、耐磨性、密封性、耐蚀性以及零件之间的配合都有着直接的影响。粗糙度的评定常用轮廓算术平均偏差*R*a、轮廓最大高度*R*y、微观不平度十点高度*R*z三个参数表示。数值越小，零件的表面越光滑，数值越大零件的表面越粗糙。

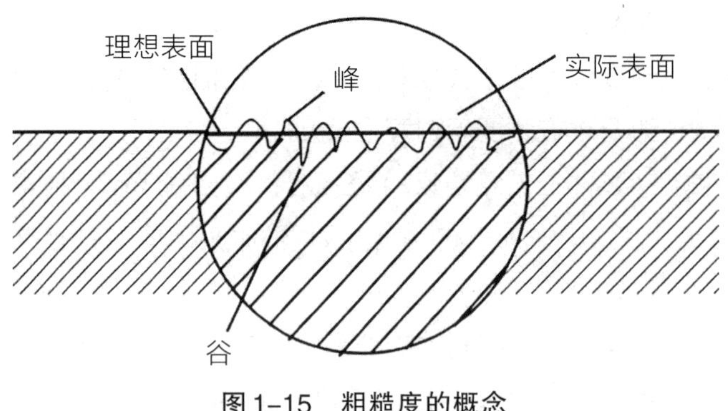

图1-15　粗糙度的概念

国家标准GB/T1031-2009中优先选用算数平均偏差*Ra*的评定参数。在机械图样上的表示符号如下：

3.2√ 可以采用任何方法获得，*Ra*的上限值为3.2μm。

3.2▽ 表示该表面是用去除材料的方法（如车、铣、刨、磨、钻、剪切等）获得的，*Ra*的上限值为3.2μm。

○√ 表示该表面是用不取出材料方法（如铸、锻、冲压变形等）获得的，或用来表示保持原供应状况的表面。

*Ra*值小，加工困难，成本高，在实践中要根据具体情况合理选择*Ra*的允许值。表1-2为表面粗糙度*Ra*允许值及其对应的表面特征。

表1-2　不同表面特征的表面粗糙度

<table>
<tr><th colspan="2">表面粗糙度</th><th rowspan="2">表面外观情况</th><th rowspan="2">获得方法举例</th><th rowspan="2">应用举例</th></tr>
<tr><th>Ra/μm</th><th>名称</th></tr>
<tr><td></td><td>毛面</td><td>除净毛口</td><td>铸、锻、轧制等经清理的表面</td><td>如机床床身、主轴箱、溜板箱、尾架体等未加工的表面</td></tr>
<tr><td>50</td><td rowspan="3">粗面</td><td>明显可见刀痕</td><td rowspan="3">毛坯经粗车、粗刨、粗铣</td><td rowspan="3">一般的钻孔、倒角、没有要求的自由表面</td></tr>
<tr><td>25</td><td>可见刀痕</td></tr>
<tr><td>12.5</td><td>微见刀痕</td></tr>
<tr><td>6.3</td><td rowspan="2">半光面</td><td>可见加工痕迹</td><td rowspan="2">精车、精刨、精铣、刮研和粗磨</td><td>支架、箱体和盖等的非配合表面</td></tr>
<tr><td>3.2</td><td>微见加工痕迹</td><td>箱、盖、套筒要求紧贴的表面，键和键槽的工作表面</td></tr>
</table>

表面粗糙度		表面外观情况	获得方法举例	应用举例
Ra/μm	名称			
1.6	半光面	不可见加工痕迹	精车、精刨、精铣、刮研和粗磨	要求有不精确定心及配合特性的表面，如轴承配合表面、锥孔
0.8	光面	可辨加工痕迹方向	金刚石车刀精车、精铰、拉刀和压刀加工、精磨、珩磨、研磨、抛光	要求保证定心及配合特性的表面，如支承孔、衬套、胶带轮工作面
0.4		微辨加工痕迹方向		要求能长期保证规定的配合特性的、公差等级为7级的孔和6级的轴
0.2		不可辨加工痕迹方向		轴的定位锥孔，*d*<20 mm淬火的精确轴的配合表面

2. 表面粗糙度的选择

在实际工作中，由于表面粗糙度和零件的功能关系十分复杂，很难全面按零件表面功能要求来准确地确定表面粗糙度的参数值，因此，具体选用时多用类比法来确定。其选择主要考虑以下原则：

(1)在满足零件使用性能的前提下，应选大的表面粗糙度*R*a值以降低成本。

(2)防腐蚀性、密封性要求高的表面、相对运动表面、承受交变载荷和易发生应力集中部位的表面，表面粗糙度值*R*a应小。

(3)同一零件上，配合表面的表面粗糙度值*R*a应比非配合表面的值小。

(4)要求配合性质稳定的、尺寸精度高的零件，表面粗糙度值*R*a要小。

五、复习思考题

1. 工程训练中常用量具有哪些？
2. 简述游标卡尺的读数方法。
3. 什么是尺寸公差？并简述尺寸公差的种类。
4. √64、√64 分别表示的意义是什么？

课后拓展：

1. 通过网络学习《中华人民共和国安全生产法》。

2. 学习中国工业发展史、世界工业发展史、中国制造2025等文献资料。

3. 观看《大国工匠》《榜样》等专题纪录片。

项目二
数控车实训

一、实训目的和要求

（1）掌握数控车床组成结构、工作原理、操作技能和各种测量工具的使用。

（2）掌握数控编程仿真软件的操作使用。

（3）掌握基本轴类、盘类零件加工工艺路线的制订。

（4）了解数控编程指令，掌握程序的编写。

（5）培养工程意识，提升创新能力。

二、安全注意事项

（1）禁止用手接触刀尖和切屑，切屑必须要用铁钩或毛刷来清理。

（2）禁止将卡盘扳手等工具遗留在机床上，工具使用结束或不用时需将其放到指定位置。

（3）禁止用手或其他任何违规方式解除正在旋转的主轴、工件或其他运动部件。

（4）禁止在设备运行过程中测量，更不能用棉布擦拭工件、也不能清扫机床。

（5）车床运转中，操作者不得离开岗位，发现机床出现异常现象应立即停车。

（6）车床开机时应遵循先回零（有特殊要求除外）、手动、点动、自动的原则。车床运行应遵循先低速、中速、再高速的原则，其中低速、中速运行时间不得少于2~3 min。当确定无异常情况后，方可开始工作。

（7）操作时，请按规定着装，不允许戴手套操作数控车床。

（8）手动对刀时，应注意选择合适的进给速度；手动换刀时，刀架距工件要有足够的转位距离，不至于发生碰撞。

（9）加工过程中，如出现异常危急情况可按下“急停”按钮，以确保人身安全。

（10）设备使用结束后需按要求对数控车床进行清理，废渣废料回收到专用桶内，工具放回指定位置。

三、数控加工概述

20世纪40年代以来，随着科学技术和社会生产力的迅速发展，人们对各种产品的质量和生产效率提出了越来越高的要求。但是，在航空、航天、船舶、机床、重型机械、食品加工机械、包装机械和军工产品等行业，不仅加工批量小，而且加工零件形状复杂，精度要求高，企业为在竞争中求得生存与发展，不得不不断更新产品，提高产品技术档次，增加产品种类，缩短试制与生产周期以提高产品的性价比，满足用户的需要。为此，一种灵活、通用、高精度、高效率的“柔性”自动化生产技术——数控技术应运而生。

数控技术，简称数控(NC)，是利用数字化信息对机械运动及加工过程进行控制的一种方法。由于现代数控都采用了计算机进行控制，因此，也可以称为计算机数控(CNC)。用来实现数字化信息控制的硬件和软件的整体称为数控系统，数控系统的核心是数控装置。

数控机床是采用数控技术进行控制的机床。它是一种综合应用了计算机技术、自动控制技术、精密测量技术和机床设计等先进技术的典型机电一体化产品，是现代制造技术的基础。

数控加工是指在数控机床上进行零件加工的一种工艺方法。数控机床加工的工艺流程与传统机床加工的工艺流程从总体上说是一致的，但也发生了明显的变化，它通过数字信号控制零件和刀具位移来进行机械加工。

(一)数控系统的组成

数控系统一般由控制介质、数控装置、伺服系统、执行部件、测量反馈装置组成。

1. 控制介质

控制介质是储存数控加工零件所需程序的载体，是数控系统用来指挥和控制设备进行加工的唯一指令信息。常用的是穿孔带、磁带、磁盘、网络等。

2. 数控装置

数控装置是数控设备的核心，它能够完成信息输入、存储、变换、插补运算，以及实现各种控制功能。

3. 伺服系统

伺服系统用来接收数控装置发送来的脉冲信号，并将其转化为执行部件的进给速度、方向、位移。它包括驱动电动机、各种伺服驱动元件和执行机构。每个进给运动的执行部件都有相应的伺服驱动系统，而整个机床的性能则取决于伺服系统。常用的伺服驱动系统有交流伺服系统和直流伺服系统。

4. 执行部件

执行部件是数控机床的本体，主要包括床身、主轴、进给机构等机械部件，还包括冷却、润滑、转位部件，如换刀装置、夹紧装置等辅助装置。执行部件应有足够的刚度、抗震性和精度。

5. 测量反馈装置

测量反馈装置用于检测速度、位移及加工状态，并将检测到的信息转化为电信号反馈给数控装置，通过比较计算出偏差，并发出纠正误差指令。测量反馈装置的引用，有效地改善了系统的动态性能，大大提高了零件的加工精度。

(二)数控加工的特点

(1)可以加工复杂型面的工件。数控机床可以完成普通机床难以完成或根本不能完成的复杂曲面零件的加工。

(2)加工精度高，质量稳定。数控机床的加工精度一般比普通机床高，并且数控机床是按照预定的加工动作进行加工的，消除了人为的操作误差。数控加工采用工序集中方式，减少了多次装夹对加工精度的影响。

(3)生产效率高。与普通机床相比，数控机床的生产效率可以提高3~4倍，尤其在对某些复杂零件的加工上，生产效率可提高十几甚至几十倍。

(4)改善劳动条件。由于数控机床能够实现自动化或半自动化，在加工中操作者的主要任务是编制和输入程序、装卸工件、准备刀具、观察加工状态等，其劳动量大为降低。并且，机床是封闭式加工，清洁又安全，劳动条件得到明显改善。

(5)有利于实现生产管理现代化。在数控机床上进行加工时，可预先精确估计加工时间，所使用的刀具、夹具可进行规范化和现代化管理。数控机床使用数字信号与标准代码作为控制信息，易于实现加工信息的标准化，目前已同计算机辅助设计与制造(CAD/CAM)有机地结合起来，成为现代集成制造技术的基础。

(三)数控编程方法

根据被加工零件的图样、技术要求及其工艺要求等切削加工的必要信息，按照具体数控系统规定的指令和格式，编制出的加工指令序列，即为数控加工程序，或称零件程序。从零件图的分析到制成数控加工程序单的全部过程称为数控程序编制，简称数控编程。数控编程分为手工编程和自动编程。

1. 手工编程

程序编制的各个工作都由人工完成，包括利用计算机进行的数学计算过程，称为手工编程。手工编程简单、易操作，适用于几何形状简单，程序不复杂的零件。对于一些计算烦琐、非圆曲线及曲面的零件，手工编程的局限性就比较大，效率低、出错概率大。

2. 自动编程

（1）自动编程软件编程。利用通用的计算机和专用的自动编程软件。编程人员首先利用数控语言编写一个描述零件形状、尺寸、几何要素间的相互关系及进给路线、工艺参数等的“源程序”，相应的自动编程系统对源程序进行编译、计算、处理得出加工程序。

（2）CAD/CAM 计算机辅助编程。利用 CAD/CAM 计算机辅助编程是以零件 CAD 模型为基础的一种加工工艺规划及数控编程为一体的自动编程方法。CAD/CAM 软件采用人机交互方式，进行零件几何建模，对车床刀具进行定义和选择，确定刀具相对于零件的运动方式、切削参数、自动生成刀具轨迹，再经过后置处理，最后按照数控车床的数控系统要求生成数控加工程序。目前正被广泛应用，编程效率高，程序质量好。

（四）数控技术的发展趋势

随着微电子技术、计算机技术、精密制造技术及检测技术的发展，数控机床的性能越来越完善，数控系统应用领域日益扩大。各生产部门工艺要求的不断提高，又从另一方面促进了数控机床的发展。当今数控机床正不断采用最新技术成果，朝着高速度、高精度、高可靠性、多功能、智能化、复合化等方向发展。

（1）高速度、高精度。速度和精度是数控系统的两个重要技术指标，它直接关系到加工效率和产品质量。现代数控机床主轴转速在 20 000 r/min 以上的已较为普遍，高速加工中心的主轴转速高达 100 000 r/min；一般机床快速进给速度都在 50 m/min 以上，有的机床高达 200 m/min 以上。加工的高精度比加工速度更为重要，微米级精度的数控设备正在普及，一些高精度机床的加工精度已达到 0.1 μm。

（2）高可靠性。新型的数控系统大量采用大规模或超大规模的集成电路，采用专用芯片及混合式集成电路，使线路的集成度提高，元器件数量减少，功耗降低，提高了可靠性。

（3）多功能。大多数数控机床都具有图形显示功能，可以进行二维图形的加工轨迹动态模拟显示，有的还可以显示三维彩色动态图形；具有丰富的人机对话功能，友好的人机界面；借助显示器与键盘的配合，可以实现程序的输入、编辑、修改、删除等功能。现代数控系统，除了能与编程机、绘图机、打印机等外设通信外，还应能与其他 CNC 系统、上级计算机系统通信，以实现柔性制造系统(FMS)的连接要求。

(4)智能化。数控系统应用高技术的重要目标是智能化。如引进自适应控制技术、人机会话自动编程、自动诊断并排除故障等智能化功能。

(5)复合化。复合化是近几年数控机床发展的模式，多种动力头集中在一台数控机床上，在一次的装夹中完成多种工序的加工。如立卧转换加工中心、车铣万能加工中心及四轴联动(X、Y、Z、C)的车铣中心等。

四、数控车编程

(一)程序的组成与格式

一个完整的数控加工程序由程序头、程序内容和程序结束语三部分组成。程序一般由遵循一定结构、句法和格式规则的若干个程序段组成，而每个程序段由若干个指令字组成。如X50为一个指令字，表示*X*向坐标为50；F1.5为一个指令字，表示进给速度为1.5(具体数字单位由数控系统指定)。而程序格式是指程序段中各指令字的排列顺序及表达方式需遵循一定的格式，下面以FANUC Series Oi Mate-TD数控系统为例：

O0001；	(程序名)
N10 M03 S600；	(主轴正转，转速600 r/min)
N20 G99；	(切换刀具进给速度单位为mm/r；默认为mm/min)
N30 T0101；	(换为1号刀，并调用1号刀补)
N40 G00 X_ Z_；	(刀具快速移动到相应坐标位置)
N50 G01 X_Z_F_；	(刀具以指定速度做直线切削至相应坐标位置)
N60 G02 X_ Z_R_F_；	(刀具以指定速度及半径做顺时针圆弧切削至相应坐标位置)
N70 G03 X_Z_R_F_；	(刀具以指定速度及半径做逆时针圆弧切削至相应坐标位置)
N80 M30；	(程序结束并返回到第一行程序)

从上述例子可以看出(程序后括号内为程序说明，编程时无此部分)，程序段由顺序号字(N)、准备功能字(G)、尺寸字(X或Z等)、进给功能字(F)、主轴功能字(S)、刀具功能字(T)、辅助功能字(M)、程序结束符(；)组成，加之程序调用、暂停等共同构成完整的数控程序。表2-1列出了FANUC Series Oi Mate-TD数控系统常用的地址符及其作用。

表 2-1　FANUC Series 0i Mate-TD 数控系统常用地址符及其作用

功 能	地址符	作用
程序名	O	定义程序名，其后跟4位数字
顺序号	N	指定顺序号，用于排列程序
准备功能	G	定义运动方式，其后跟直线、圆弧等指令
尺寸字	X、Z(U、W)	定义移动坐标或移动量
	R	定义圆弧半径，其后为半径值
	I、K	定义圆弧中心坐标
主轴功能	S	定义主轴转速，其后接确定的转速值
进给功能	F	定义刀具进给速度或螺纹螺距
刀具功能	T	定义刀具号、刀补号
辅助功能	M	控制机床的各种动作及开关状态
子程序调用	P、L	用于调用子程序及制定调用次数
暂停	P、U、X	定义暂停时间
结束符	;	该段程序结束，跳转至下一行程序

(二)常用G代码功能

G代码起到使数控设备做指定动作的功能，一般紧跟在顺序号N之后，由字母G加两位数字组成。表2-2列出了FANUC Series 0i Mate-TD数控系统常用的G代码指令及功能。

表 2-2　FANUC Series 0i Mate-TD 数控系统常用 G 代码及功能

G代码	功能	G代码	功能
G00	快速移动	G70	精加工循环
G01	直线切削	G71	内外径粗切循环
G02	顺时针圆弧插补	G72	台阶粗切循环
G03	逆时针圆弧插补	G73	仿形复合循环
G04	暂停	G74	Z向进给钻削
G09	停于某一位置	G75	X向切槽
G20	英制输入	G76	切螺纹循环
G21	米制输入	G90	内外径切削循环

续表

G代码	功能	G代码	功能
G32	切螺纹	G92	螺纹加工循环
G54	选择工件坐标系1	G94	台阶切削循环
G55	选择工件坐标系2	G98	定义每分钟刀具移动量
G56	选择工件坐标系3	G99	定义每转刀具移动量

(三)常用辅助代码功能

辅助功能代码又称为M代码,其功能是指除G代码控制外的其他通断功能,由字母M加两位数字组成。表2-3列出了FANUC Series Oi Mate-TD数控系统常用的辅助代码指令及功能。

表2-3　FANUC Series Oi Mate-TD数控系统常用M代码及功能

M代码	含义	功能
M00	程序停止	执行M00指令后,主轴的转动、进给都将停止,类似于单程程序段停止,便于进行手动操作(换刀、测量工件尺寸等),重新启动机床后,继续执行后面的程序
M02	程序结束	执行M02指令后,主轴停止、进给停止、切削液关闭,机床处于复位状态
M30	程序结束	程序结束并返回到第一行程序指令,等待进行下一次加工
M03	主轴正转	用于启动主轴正转
M04	主轴反转	用于启动主轴反转
M05	主轴停止	用于停止主轴转动
M08	切削液开	用于打开切削液
M09	切削液关	用于关闭切削液
M98	子程序调用	用于调用子程序
M99	子程序返回	用于结束子程序并返回

(四)坐标系

1.机床坐标系

机床坐标系是以机床原点为坐标系原点建立的X、Z轴直角坐标系。如图2-1为前置式数控车床机床坐标系示意图,图中机床原点为X、Z坐标的(0,0)点,箭头所指方向为 X、Z 轴的正方向。参考点是刀具退离的极限点，由行程开关来确定，刀具的移动只能在机床原点与参考点行程的矩形有效坐标区域内移动。

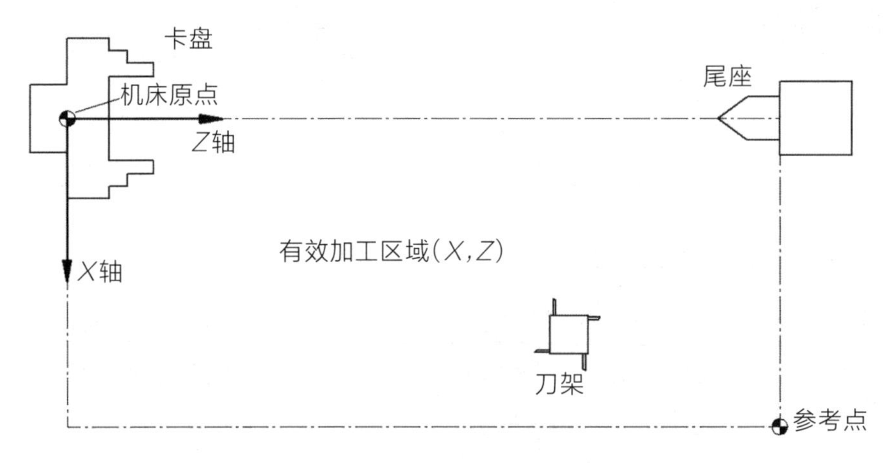

图 2-1　前置式数控车床机床坐标系示意图

2. 工件坐标系

工件坐标系是以加工工件原点为坐标原点建立的 X、Z 轴坐标系。在加工过程中，一般要保证设计基准与工艺基准统一，为了便于计算坐标值，加工时均选择工件坐标系进行编程。数控车加工时可选择将工件坐标系设置在工件的左边或者右边端面中心。如图 2-2 将工件坐标系原点设置在工件右端面中心位置。

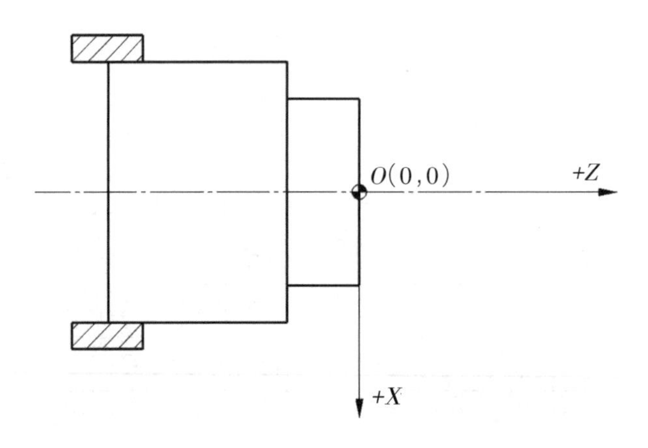

图 2-2　工件坐标系原点的选择

(五)数控加工编程方式

数控车床的编程方式有绝对编程方式、增量编程方式以及混合编程方式。以图 2-3

所示零件图为例进行说明，从 A→B 切削 AB 面。

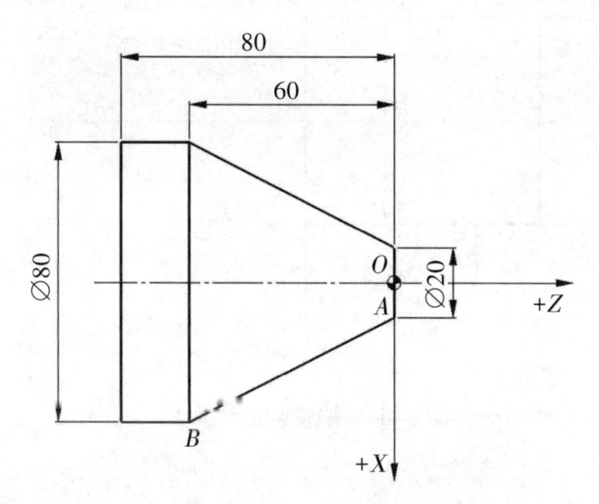

图 2-3　数控车编程方式示例图

(1)绝对编程方式：绝对编程是指程序中的坐标值均采用相对于工件坐标系原点进行计算的，G01 X80 Z-60。

(2)增量编程方式：增量编程是指程序中的坐标点均采用相对于前一坐标点的增量值来进行计算的，G01 U30 W-60。

(3)混合编程方式：混合编程是指在同一程序段中混合使用绝对编程和增量编程，用 *X*、*Z* 来表示绝对编程，用 *U*、*W* 来表示增量编程，G01 U30 Z-60；或 G01 X80 W-60。

另外编程时的 *X* 坐标还可以根据编程需要使用特定指令在直径与半径间进行切换，当 *X* 后跟的坐标是直径时为直径坐标编程，当 *X* 后跟的坐标是半径时为半径坐标编程。

(六)基本加工指令

1. 快速定位指令(G00)

指令格式：G00 X_Z_；或 G00 U_W_；

功能：刀具以点位控制方式从当前位置快速移到指令给出的目标位置。适用于无切削加工过程时的快速移动。

其中，*X*、*Z* 为刀具所要到达点的绝对坐标值；*U*、*W* 为刀具所要到达点距离现有位置的增量值(不运动的坐标可以不写)。

例：如图 2-4 所示，将刀具从当前 *A* 点快速定位到 *B* 点。

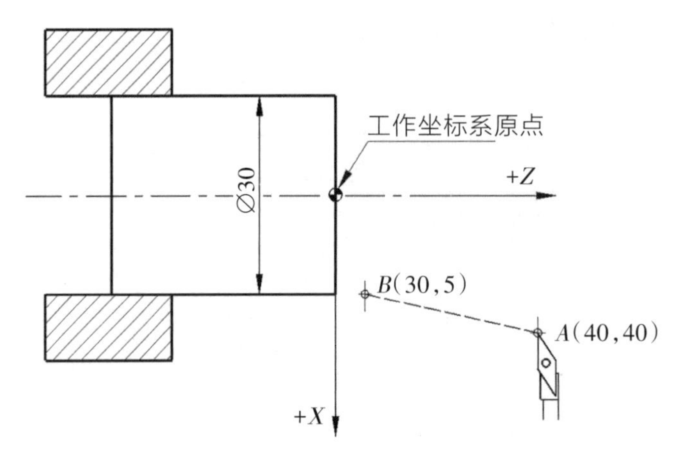

图2-4 快速定位示意图

绝对方式编程:G00 X30 Z5;

增量方式编程:G00 U-5 W-35;

2. 直线插补指令(G01)

指令格式:G01 X_Z_F_;或G01 U_W_F_;

功能: G01指令是直线运动命令,规定刀具在两坐标间以插补联动方式按指定的进给速度F,从刀具当前位置插补加工出任意斜率的直线,到达指定位置。适用于直线加工。

其中,X、Z或U、W含义与G00相同;F为刀具的进给速度(进给量),应按切削要求确定。

例:如图2-5所示,编制从A点到B点再到C点的直线插补程序。

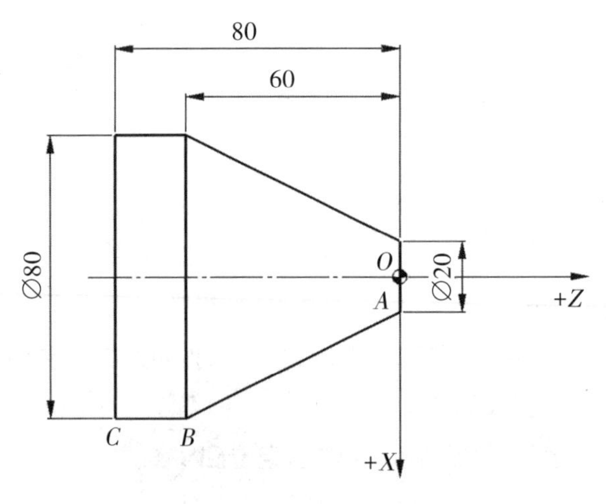

图2-5 直线插补示意图

绝对方式编程:G01 X80 Z-60 F0.2;(A→B)

G01 X80 Z-80 F0.2；(B→C)

增量方式编程：G01 U30 W-60 F0.2；(A→B)

G01 U0 W-20 F0.2；(B→C)

3. 圆弧插补指令(G02/G03)

指令格式：G02/G03 X_Z_R_F_；或G02/G03 U_W_R_F_；

G02/G03 X_Z_I_K_F_；或G02/G03 U_W_I_K_F_；

功能：G02是顺时针圆弧插补；G03是逆时针圆弧插补。

X、*Z*是圆弧插补终点坐标的绝对值；*U*、*W*是圆弧插补的终点坐标的增量值；*R*是圆弧半径，以半径值表示。当圆弧对应的圆心角≤180°时，*R*是正值，当圆弧对应的圆心角>180°时，*R*是负值；*I*、*K*是圆心相对于圆弧起点的坐标增量在*X*、*Z*轴上的分向量。其中*I*、*K*为0时可省略不写；*F*为沿圆弧切线方向的进给速度。

例：如图2-6所示，编制从*A*点到*B*点到*C*点再到*D*点的直线及圆弧插补程序。

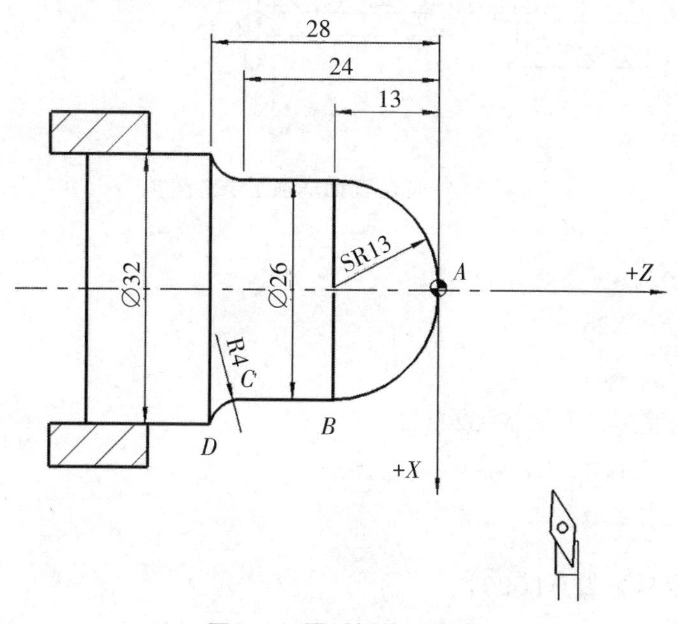

图2-6 圆弧插补示意图

绝对方式编程：G03 X26 Z-13 R13 F0.2；(A→B)

G01 X26 Z-24 F0.2；(B→C)

G02 X32 Z-28 R4；(C→D)

增量方式编程：G03 U13 W-13 R13 F0.2；(A→B)

G01 U0 W-11 F0.2；(B→C)

G02 U3 W-4 R4；(C→D)

4. 圆柱面切削固定循环(G90)

指令格式:G90 X_Z_ F_;或 G90 U_W_ F_;

功能:圆柱面切削固定循环是针对某一圆柱面进行循环切削的指令,其中 X、Z 为圆柱面切削终点的坐标值,U、W 为圆柱面切削终点相对于循环起点的增量值。

例:如图 2-7 所示,编制 ∅24 圆柱面的循环切削加工指令,毛坯直径为 30 mm,每刀背吃刀量为 1 mm(半径),循环起点坐标为点 A(32,2)。

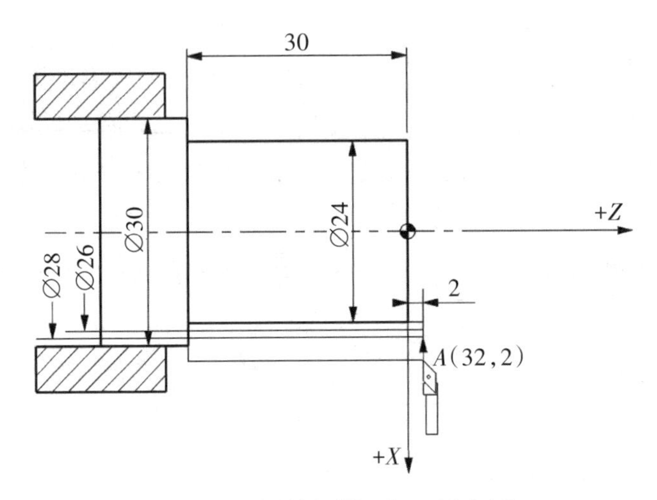

图 2-7　圆柱面循环加工示意图

绝对方式编程:G90 X28 Z-30 F0.2;

X26;

X24;

增量方式编程:G90 U-2 W-32 F0.2;

U-1;

U-1;

5. 锥形切削固定循环(G90)

指令格式:G90 X_Z_R_ F_;或 G90 U_W_ R_ F_;

功能:锥形切削固定循环是针对某一锥面进行循环切削的指令,其中 X、Z 为圆锥面切削终点的坐标值,U、W 为圆锥面切削终点相对于循环起点的增量值,R 为切削起始点与圆锥面终点的半径差。

例:如图 2-8 所示,编制圆锥面的循环切削加工指令,毛坯直径为 30 mm,每刀背吃刀量为 1 mm(半径),循环起点坐标为点 A(32,2)。

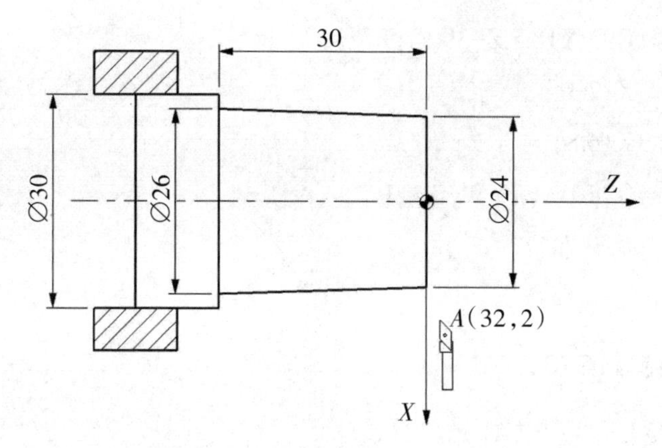

图 2-8　圆锥面循环加工示意图

绝对方式编程：G90 X30 Z-30 R-2 F0.2；

X28；

X26；

增量方式编程：G90 U-1 W-32 F0.2；

U-1；

U-1；

6. 螺纹车削循环（G92）

指令格式：G92 X_Z_ F_；或 G92 U_W_ F_；

功能：G92 是将螺纹分为多次切削加工的循环指令，其中 *X*、*Z* 为螺纹切削终点的坐标值，*U*、*W* 为螺纹终点相对于循环起点的增量值，*F* 为螺距。

例：如图 2-9 所示，编制外螺纹循环切削加工指令（如需加工内螺纹，只需将内螺纹刀定位到内孔边缘，并将螺纹切削直径逐渐增大即可），毛坯直径为 30 mm，螺纹循环起点坐标为点 *A*（22，2）。

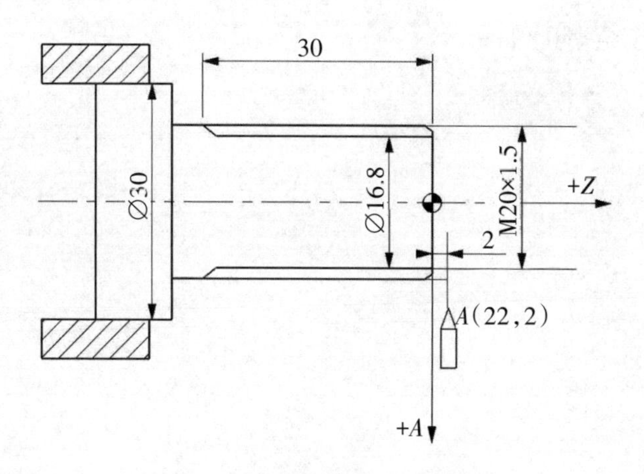

图 2-9　螺纹循环加工示意图

绝对方式编程:G92 X18.5 Z-30 F1.5;

X17.1;

X16.8;

增量方式编程:G92 U-1.75 W-32 F0.2;

U-0.7;

U-0.15;

7. 仿形复合循环(G73)

指令格式:G73 U(Δi) W(Δk) R(d);

G73 P(n1) Q(n2)U(Δu) W(Δw) F;

功能:仿形复合循环是一种具有自动加工分配的固定循环,执行时,每一刀加工路线的轨迹是相同的,只有位置不同。加工完一次,就将加工路线向工件方向移动一次,这样逐步逼近,最后加工出程序编制的零件形状。编制程序时,只需设置好精加工余量、切削深度等参数,编制出最后一步精加工的路线,系统便会自动计算加工的次数,按照精加工的路线均匀地分层加工零件;另外G73为粗加工,一般需与G70精加工循环配合使用。各参数含义如下:

Δi—X轴半径方向上的退刀距离,一般设置为毛坯半径与工件最小半径的差,若过大会造成空走刀,过小会导致切深过大;

Δk—Z轴方向上的退刀距离,一般设置为零;

d—循环切削次数,等于$\Delta i/a_p$,a_p为每一刀的切削深度;

n_1—精加工路线第一行程序的顺序号,如10、0010等;

n_2—精加工路线最后一行程序的顺序号,如100、0100等;

Δu—X直径方向上精加工预留量,如0.5等;

Δw—Z方向上精加工预留量,一般设置为0,特殊需求除外。

例:如图2-10所示,编制仿形复合循环切削加工指令,毛坯直径为32 mm,每刀切深2 mm(半径),精加工余量0.3 mm。

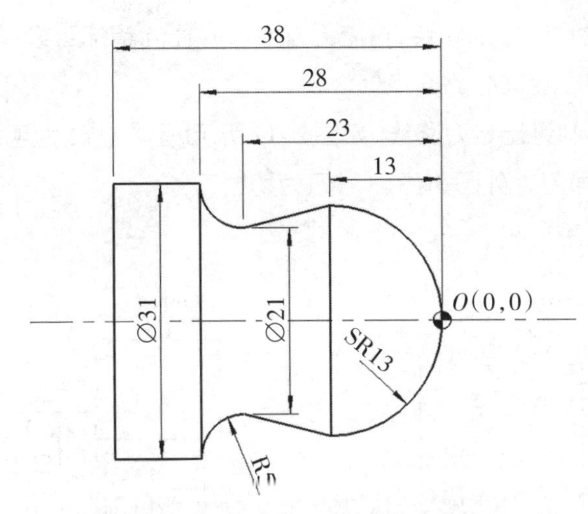

图2-10　仿形复合循环加工示意图

程序如下：

N10 G73 U8 W0 R4；

N20 G73 P30 Q90 U0.3 W0 F0.2；

N30 G00 X0 Z1；

N40 G01 X0 Z0；

N50 G03 X26 Z-13 R13；

N60 G01 X21 Z-23；

N70 G02 X31 Z-28 R5；

N80 G01 X31 Z-38；

N90 G01 X32 Z-38；

N100 G70 P30 Q90；

(七)基础编程实例实训

1. 编制如图2-11所示零件的加工程序

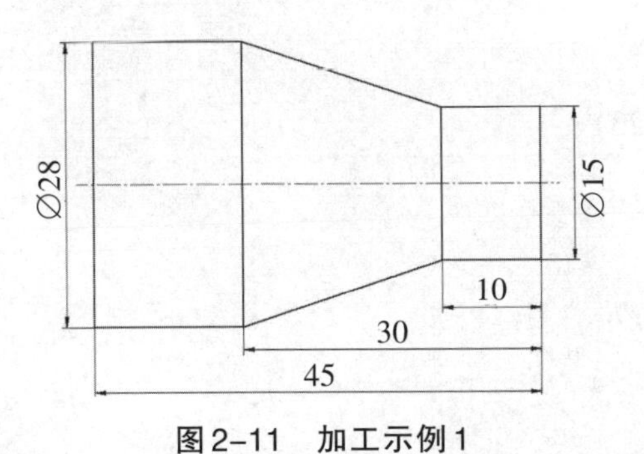

图2-11　加工示例1

(1)毛坯直径∅30,铝合金棒料,背吃刀量4 mm,径向精加工余量0.5 mm,编程原点选择在工件右端面与旋转轴心的交点处。

(2)分析零件图,制订出走刀路线,如图2-12所示,图中虚线为毛坯直径。

(3)刀具说明:1号刀为外圆车刀,3号刀为切断刀。

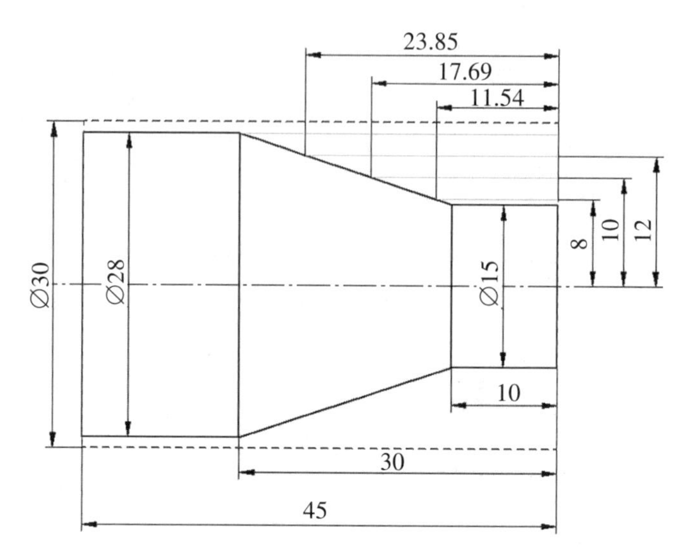

图2-12 加工示例1走刀路线

(4)参考程序如下:

N0010 O0001;	程序名;
N0020 M03 S600;	主轴正转;
N0030 G99;	切换进给速度单位为mm/r;
N0040 T0101;	选择1号刀及1号刀补;
N0050 G00 X31 Z0;	快速定位;
N0060 G01 X0 Z0 F0.15;	直线插补切削;
N0070 G00 X28.5 Z1;	
N0080 G01 X28.5 Z-48;	
N0090 G00 X30 Z1;	
N0100 G01 X24 Z1;	
N0110 G01 X24 Z-23;	
N0120 G00 X25 Z1;	
N0130 G01 X20 Z1;	
N0140 G01 X20 Z-17;	
N0150 G00 X21 Z1;	

```
N0160 G01 X15.5 Z1;
N0170 G01 X15.5 Z-11;
N0180 G00 X17 Z1;
N0190 G01 X15 Z1;
N0200 G01 X15 Z-10;
N0210 G01 X28 Z-48;
N0220 G00 X100 Z100;
N0230 T0303 S400;           换3号刀及3号刀补,调节主轴转速;
N0240 G00 X30 Z-45;
N0250 G01 X0 Z-45 F0.1;
N0260 G00 X30 Z-45;
N0270 G00 X100 Z100;
N0280 M05;                  主轴停止;
N0290 M30;                  程序结束;
%
```

2. 编制如图2-13所示零件的精加工程序

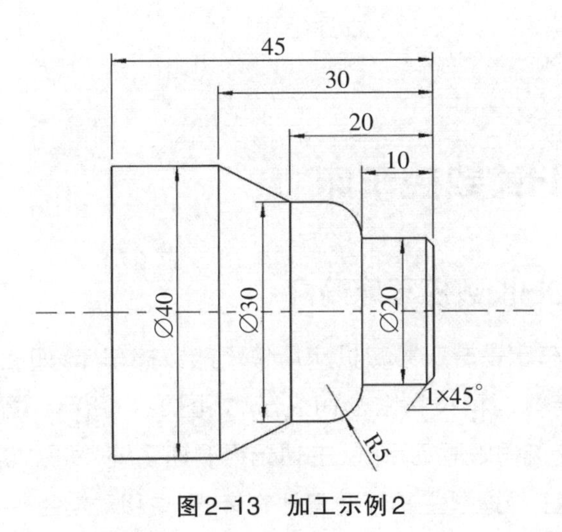

图2-13　加工示例2

(1)毛坯直径∅45,铝合金棒料,径向精加工余量0.8 mm,轴向精加工余量0.2 mm,编程原点选择在工件右端面与旋转轴心的交点处。

(2)刀具说明:1号刀为外圆车刀。

(3)参考程序如下:

```
O0002;                      程序名;
N10 M03 S800;               主轴正转;
N20 G99;                    切换进给速度单位为mm/r;
N30 T0101;
N40 G00 X0 Z2;
N50 G01 Z0 F0.1;            X坐标不变,可不写;
N60 X18;                    Z坐标不变,可不写;
N70 X20 Z-1;
N80 Z-10;
N90 G03 X30 Z-15 R5;        逆时针圆弧插补;
N100 G01 Z-20;
N110 X40 Z-30;
N120 Z-45;
N130 G00 X100;
N140 Z100;
N150 M05;                   主轴停止;
N160 M30;                   程序结束;
%
```

五、C_2-6140HK数控车床

(一)C_2-6140HK数控车床简介

C_2-6140HK数控车床是重庆第二机床厂生产的数控车床,如图2-14所示。虚拟仿真系统是由浙江海特智能科技有限公司生产,如图2-15所示。配置FANUC Series Oi Mate-TD数控系统、交流伺服驱动系统、主轴无级调速系统、间歇式自动润滑系统、四工位自动刀架等。其加工原理是主轴带动工件旋转,刀具移动与工件产生相对运动,形成切削,从而加工工件,加工示意图如图2-16所示,可以完成切削直线、圆弧、螺纹等复杂形状的零件,其技术参数见表2-4。

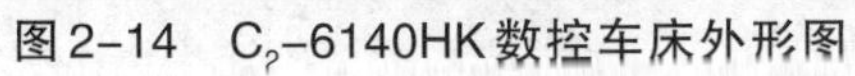

图2-14　C_2-6140HK数控车床外形图　　图2-15　虚拟仿真系统外形图

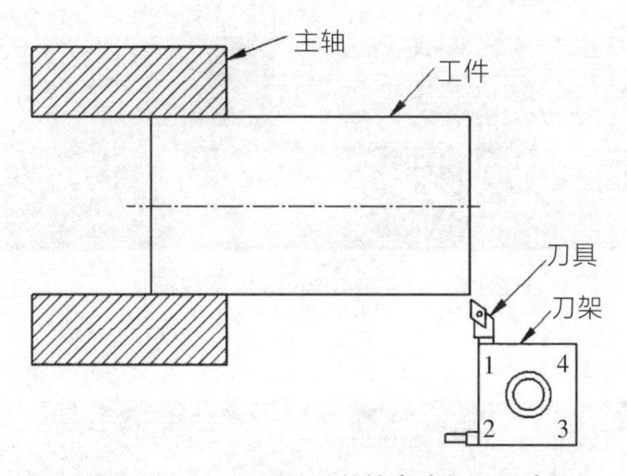

图2-16　C_2-6140HK数控车床加工示意图

表2-4　C_2-6140HK数控车床技术参数

序号	项目	参数	序号	项目	参数
1	床身最大回转直径	Ø400 mm	9	最大工件长度	750 mm
2	最大车削长度	650 mm	10	刀架最大回转直径	Ø206 mm
3	主轴通孔直径	Ø55 mm	11	主轴转速范围	180~3000 r/min
4	主轴变速形式	全无级	12	主电机功率	5.5 kW
5	尾座套筒直径	Ø60 mm	13	尾座套筒行程	95 mm
6	尾座套筒锥度	莫氏4号	14	*X*向行程	240 mm
7	*Z*向行程	660 mm	15	机床净重	1800 kg
8	机床外形尺寸	2550 mm×1300 mm×1650 mm	16	进给电机最大静扭矩	*X*向:4 Nm *Z*向:6 Nm

(二)C_2-6140HK操作面板

1.数控系统面板

C_2-6140HK数控车床数控系统面板如图2-17所示，虚拟仿真系统数控系统面板如图2-18所示，其主要功能为输入、编辑需要加工的程序，面板上各按键的功能说明见表2-5。

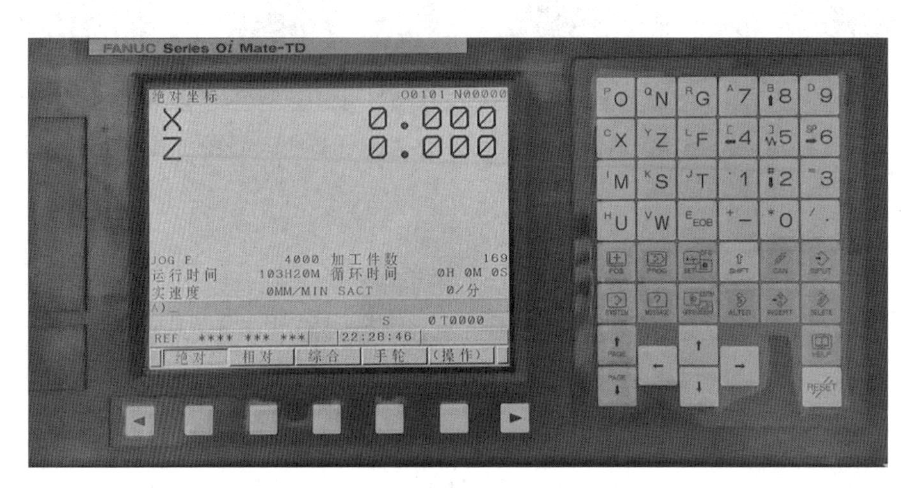

图2-17　C_2-6140HK数控系统面板

图2-18　虚拟仿真系统面板

表 2-5　C_2-6140HK 数控系统功能键说明

按 键	功 能
字母和数字键	输入相应字母、数字和字符(需输入左上角小字体的字符时,先按SHIFT键,再按相应的字符键)
EOB	“;”键,程序段结束字符
POS	坐标键,按下时界面显示坐标值
PROG	程序键,按下时界面显示相应的程序
OFS SET	工件坐标系数值输入及刀补输入
SHIFT	切换键,具有两个字符的按键,按下SHIFT键时,切换为另一个字符
CAN	删除输入字符串的最后一个字符
INPUT	先按下某个字母或字符,再按下INPUT键,字符则被输入,并显示在屏幕上
SYSTEM	显示系统的各项参数
MESSAGE	在屏幕上显示报警、帮助等信息
ALTER	替换被光标选中的字符
INSERT	在光标所在位置后插入字符
DELETE	删除光标选中的字符
PAGE	用于屏幕上的上下翻页
方向键	光标的上、下、左、右移动
HELP	帮助键
RESET	复位键,一般用于机床报警处理完毕后

2. 操作控制面板

C_2-6140HK 数控车床操作控制面板如图 2-19 所示,虚拟仿真系统操作控制系统面板如图 2-20 所示,其主要功能是手动控制数控车床的各执行部件(如主轴转动、刀架移动、切削液开启及关闭等),面板上各按钮的功能键见表 2-6。

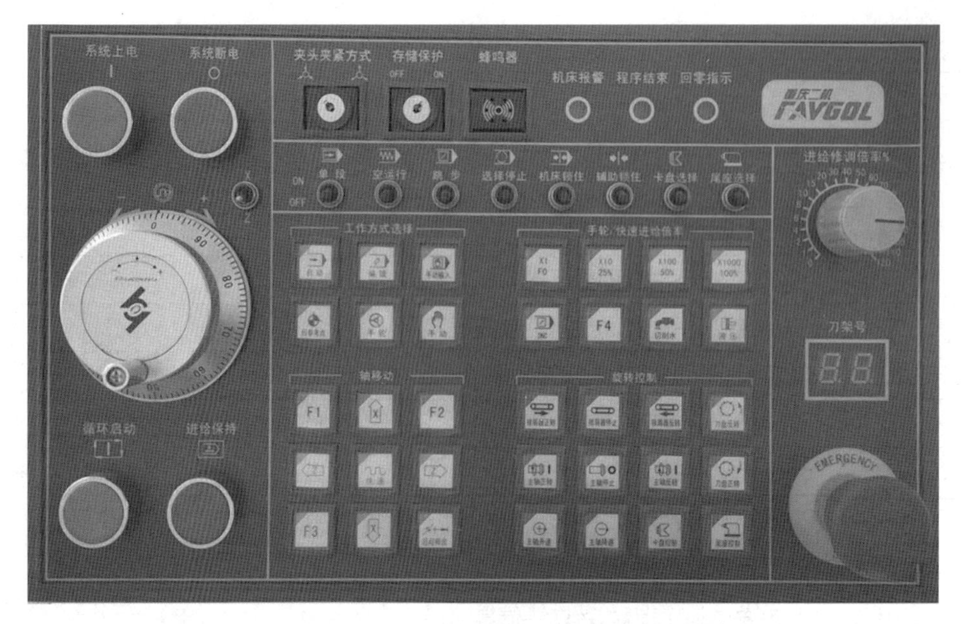

图 2-19　C_2-6140HK 操作控制面板

图 2-20　虚拟仿真系统操作控制面板

表 2-6　C_2-6140HK 操作控制面板功能键说明

按 钮	功 能
系统上电	用于开启机床数控系统
系统断电	用于关闭机床数控系统
循环启动	用于运行程序
进给保持	运用程序运行过程中的手动暂停(主轴继续运转，刀架停止移动)
自动	运行程序时选择该模式
编辑	输入及编辑程序时选择该模式

续表

按 钮	功 能
手动输入	用于临时输入程序并执行（程序不会保存）
回参考点	机床开机时需选择该模式进行回零操作
手轮	转动手轮控制刀架移动时选择该模式
手动	手动按X、Z键移动刀架时选择该模式
切削水	用于手动开启/关闭切削液
快速	用于手动控制刀架时的快速移动（需与X、Z键配合使用）
超程释放	用于解除超程（需与手轮或X、Z键配合使用）
进给修调倍率	用于调整刀架移动时的速率
主轴正转	用于手动启动主轴（正转）
主轴停止	用于手动停止主轴
主轴反转	用于手动启动主轴（反转）
主轴升速	用于手动提高主轴转速（有一定的上限）
主轴降速	用于手动降低主轴转速（有一定的下限）
刀盘正转	用于手动换刀（刀架顺时针转动）
EMERGENCY	用于操作过程中的紧急情况，按下则机床停止工作，恢复时顺时针旋转

（三）C_2-6140HK基本操作方法

总体操作流程：开机→回参考点（每次开机后执行）→编辑输入程序→对刀（确定工件坐标原点）→加工→关机。

（1）开机：打开电源（机床床身左侧）→按系统上电按钮。

（2）关机：按系统断电按钮→关闭电源（机床床身左侧）。

（3）回零：工作方式选择回参考点（按回参考点按钮）→按+X按钮→等待X轴回零完毕→按+Z按钮。

（4）超程解除：工作方式选择手动→同时按下超程释放和X或Z按钮。

（5）急停：按下Emergency急停按钮（解除急停时顺时针旋转Emergency急停按钮）。

（6）手动操作：工作方式选择手动→调节进给修调倍率→按X（向下为+X，向上为-X）或Z（向右为+Z，向左为-Z）移动刀架。

（7）手轮操作：工作方式选择手轮→调节手轮进给倍率→选择移动的轴（手轮右上方的拨动开关，往上为选择X轴移动，往下为选择Z轴移动）→转动手轮移动刀架（逆时针转动为-X或-Z移动，顺时针转动为+X或+Z移动）。

（8）手动换刀：工作方式选择手动→将刀架移动到安全位置（远离工件和卡盘）→按刀盘正转按钮进行换刀（按一次刀架顺时针转动一个刀位）。

(9)程序运行:调出编写好的程序→工作方式选择自动→按循环启动按钮。

(四)基本操作实训

1. 手动输入运行

(1)工作方式选择手动输入,然后按数控系统面板上的PROG键。

(2)在默认程序名后输入M03 S600;(指令含义主轴正转,转速600 r/min)。

(3)将数控面板上的光标移动到程序最前面(即程序名上)。

(4)按操作控制面板上的循环启动按钮,运行程序。

2. 手动控制主轴

(1)工作方式选择手动。

(2)按操作控制面板上的主轴正转按钮,则主轴正转;按主轴停止按钮则主轴停止;按主轴反转按钮则主轴反转。

(3)主轴转动时,按主轴升速则可以在一定范围内加快主轴的转速,按主轴降速按钮则可以在一定范围内减小主轴的转速。

3. 手动移动刀架

(1)工作方式选择手动。

(2)按操作控制面板上的X、Z按钮移动刀架,向下的X按钮为刀架往前移动,向上的X按钮为刀架往后移动,向左的Z按钮为刀架往左移动,向右的Z按钮为刀架往右移动。

(3)若刀架移动速度过快或者过慢,可通过进给修调倍率进行调节。

4. 手轮移动刀架

(1)工作方式选择手轮,将手轮进给倍率选择到25%。

(2)转动手轮控制刀架移动,可通过选择不同的手轮进给倍率调节移动速度。

5. 输入新程序

(1)工作方式选择编辑。

(2)按数控系统面板上的PROG键进入程序列表界面。

(3)使用数控系统面板输入“O****”,四位星号为四位数字即为程序名,输入的程序名不能与程序列表中已有的程序名重名。

(4)按显示屏下方O检索对应的白色软键,进入程序编辑界面。

(5)输入程序。

6. 检索（调入）程序

（1）工作方式选择编辑。

（2）按数控系统面板上的PROG键进入程序列表界面。

（3）使用数控系统面板输入“O****”程序名。

（4）按显示屏下方O检索对应的白色软键，即检索并打开当前程序。

7. 编辑修改程序

（1）按检索（调入）程序步骤打开程序。

（2）使用数控系统面板上的方向键移动光标。

（3）对需要修改的地方进行编辑修改，如插入、替换、删除等操作。

8. 试切法对刀

对刀的作用是确定工件坐标系的原点位置，便于编程。在加工时，往往需要用到不同的刀具进行加工，而每把刀具的刀尖位置各不相同，在加工零件时，不论用到哪一把刀具，都要求刀具的刀尖位于同一坐标位置，所以在进行加工之前必须要进行对刀操作，保证每把刀的刀尖重合在同一坐标点。常用的为试切法对刀，对刀步骤如下：

（1）工作方式选择手轮。

（2）将刀架移动到远离工件与卡盘的位置，按刀盘正转切换到需要对刀的刀具。

（3）按主轴正转，使用手轮切削出如图2-21的台阶面，并将刀具的刀尖移动至点A（所切圆柱面与端面的交点）。

（4）测量所切圆柱面的直径，记为a。

（5）按数控系统面板上的OFFSET按键→补正→形状。

（6）将光标移动到对应刀架的刀号上（G01为1号刀，G02为2号刀，以此类推）。

（7）将光标移至对应刀号的X值处，输入“Xa”（a为测量的圆柱面直径值）。

（8）按屏幕下方测量对应的白色软键（此时便完成了X方向的对刀）。

（9）将光标移动至对应刀号的Z值处，输入“Z0”，然后按屏幕下方测量对应的白色软键，便完成了Z方向的对刀。

（10）螺纹刀与切断刀的对刀与外圆刀类似，其刀尖摆放位置如图2-22和2-23所示；其余操作重复外圆车刀的对刀步骤。

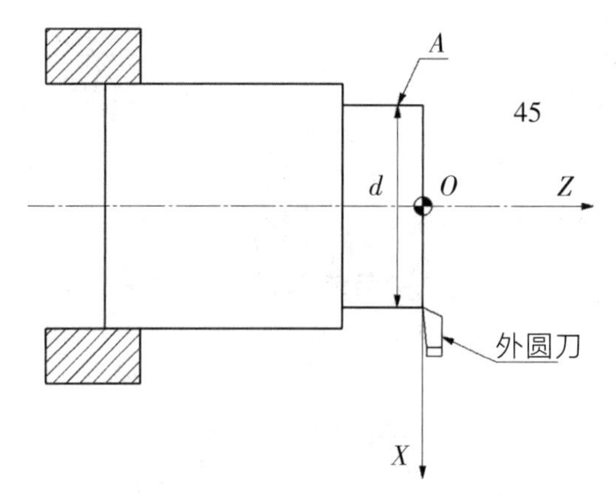

图2-21　外圆刀对刀示意图

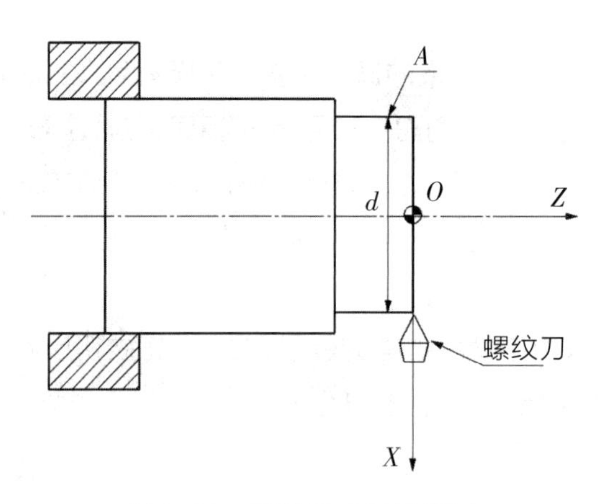

图2-22　螺纹刀对刀示意图

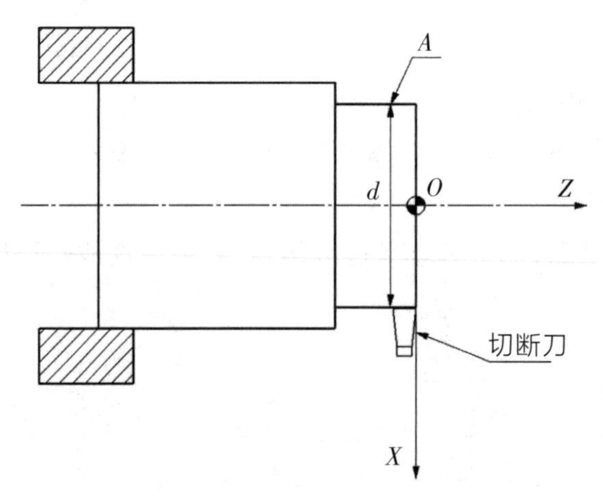

图2-23　切断刀对刀示意图

六、综合实训:综合零件加工

加工如图2-24所示的零件,毛坯:∅30铝合金棒料,径向精加工余量0.5。

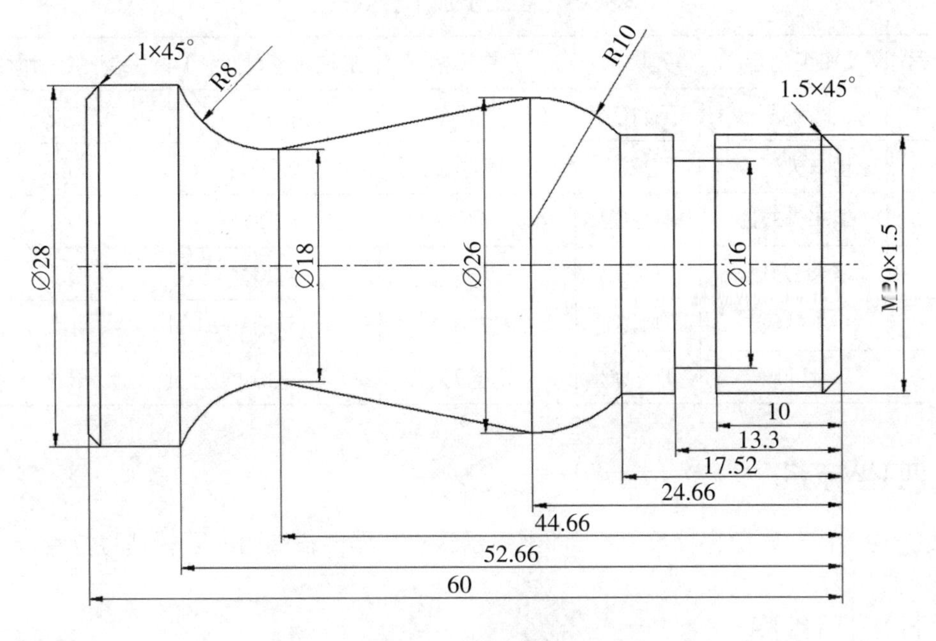

图2-24　实例零件图

(一)刀具选择

根据零件综合分析,刀具选择如表2-7所示。

表2-7　刀具参数表

刀具号	刀具名称及规格	功能
T0101	90°外圆车刀	车削端面
T0202	45°菱形尖刀	粗、精车轮廓
T0303	切槽刀(宽3.3 mm)	车退刀槽及切断工件
T0404	60°三角螺纹刀	车螺纹

(二)加工路线

确定加工路线为:车端面→粗车外轮廓→精车外轮廓→倒角→车退刀槽→车螺纹→切断。

(三)加工参数确定

按加工工步确定各加工步骤中的参数,如表2-8所示。

表2-8　各工步加工参数表

工步号	加工内容	刀具号	刀具规格	主轴转速(r/min)	进给速度(mm/r)
1	车端面	T0101	90°外圆车刀	600	0.2
2	粗车外轮廓	T0202	45°菱形尖刀	600	0.2
3	精车外轮廓	T0202	45°菱形尖刀	1000	0.1
4	车退刀槽	T0303	切槽刀	400	0.1
5	车螺纹	T0404	螺纹车刀	500	1.5
6	切断	T0303	切槽刀	400	0.1

(四)坐标系

为方便编程时确定坐标尺寸,工件坐标系建立在零件右端面的回转轴心位置。

(五)编写程序

参考程序如下:

```
O0001;                          程序名;
M03 S600;                       主轴正转,转速600 r/min;
G99;                            切换进给速度单位为mm/r;
M08;                            开切削液;
T0101;                          选择1号刀具及1号刀补;
G00 X31 Z0;
G01 X0 F0.2;
G00 X100 Z100;
T0202;
G00 X32 Z1;
G73 U7 W0 R7;                   仿形复合循环加工;
G73 P1 Q2 U0.5 W0 F0.2;
N1 G00 X17;                     仿形复合循环加工路线起始段;
G01 X17 Z0 F0.2;
G01 X20 Z-1.5;
G01 Z-17.52 F0.2;
```

```
G03 X26 Z-24.66 R10；
G01 X18 Z-44.66；
G02 X28 Z-52.66 R8；
N2 G01 Z-65；                仿形复合循环加工路线结束段；
G70 P1 Q2；                  仿形复合循环精加工；
G00 X100；
G00 Z100；
T0303 S400；                 换3号刀及3号刀补，调节主轴转速为400 r/min；
G00 X22 Z-10；
G01 X16 F0.1；               切退刀槽
G00 X100；
G00 Z100；
T0404 S500；                 换4号刀及4号刀补，调节主轴转速为500 r/min；
G00 X24 Z6；
G92 X19.5 Z-11.5 F1.5；      螺纹循环加工指令；
X19；
X18.5；
X18.2；
X18；
G00 X100 Z100；
T0303 S400；
G00 X30 Z-60；
G01 X0 F0.1；                切断；
G00 X100；
G00 Z100；
T0101；                      换1号刀；
G00 X31 Z0；                 将刀移动到毛坯件端面处，便于下次加工；
M05；                        主轴停止；
M30；                        程序结束；
%
```

七、常见问题及解决措施

（1）按图纸、工艺单要求，确定加工路线，为保证零件的尺寸和位置的精度，选择适当的加工顺序和装夹方法。在其确定过程中，要注意遵循先粗后精、先近后远等一般性原则，编程中应将工件的余量考虑进去，避免事故发生。

（2）加工槽时，在编程时要注意进退刀点应与槽方向垂直，进刀速度不能以G00速度快进，避免刀具和工件相撞。

（3）普通螺纹加工时刀具起点位置要相同，“X”轴起点终点坐标要相同，避免乱扣和锥螺纹产生。

（4）进退刀点选择时要注意，进刀不能撞工件、退刀应先离开工件。G00指令在进退刀时尽量避免“X、Z”同时移动使用，如：G00 X100 Z100；应改为：G00 X100；Z100；两句完成。

（5）G01指令中F值过大可能会出现两种情况，一是机床不动，伺服系统报警，二是刀具移动速度非常快“大于G00”，出现撞车事故。产生原因是程序开始按每转进给而下面程序中按每分进给，编制出现“F00、F200”等情况，程序一旦执行将出现以上事故。

（6）编程时换刀要注意应给刀具足够空间，避免刀具撞到卡盘和工件。

（7）在输入刀补值时，有时“+”号输成“-”号，“2.25”输成“225”，经常会出现机床启动后刀具直接冲向工件及卡盘，造成工件报废，刀具损坏，机床卡盘撞毁等事故。

（8）回零或回参考点时，顺序应为先X轴后Z轴方向，如果顺序不对，机床小拖板会和机床尾架相撞。

（9）首先操作人员应熟悉系统的各种操作，系统功能键应达到能熟练操作；这样在操作中，减少失误，将误操作的概率降至最低；特别是对开始使用系统的初学者来说，应对照操作步骤，一步一步地进行，避免失误；操作人员编程时，应根据工件特点进行；退刀和回零的顺序是先退X向，还是先退Z向，应按工件的形状及加工位置确定；对刀完成后应依次验证各刀具补偿是否正确；操作者应注意机床的保养；在平时加工后，导轨应擦拭干净，避免切屑等杂物夹在滚珠丝杠和导轨内，造成加工出现误差，损伤导轨，影响加工。

八、复习思考题

1. 什么是数控加工？

2. 数控编程的一般步骤。

3. 圆弧插补指令是什么？

4. 试编制如下图所示轴类零件的数控加工程序。

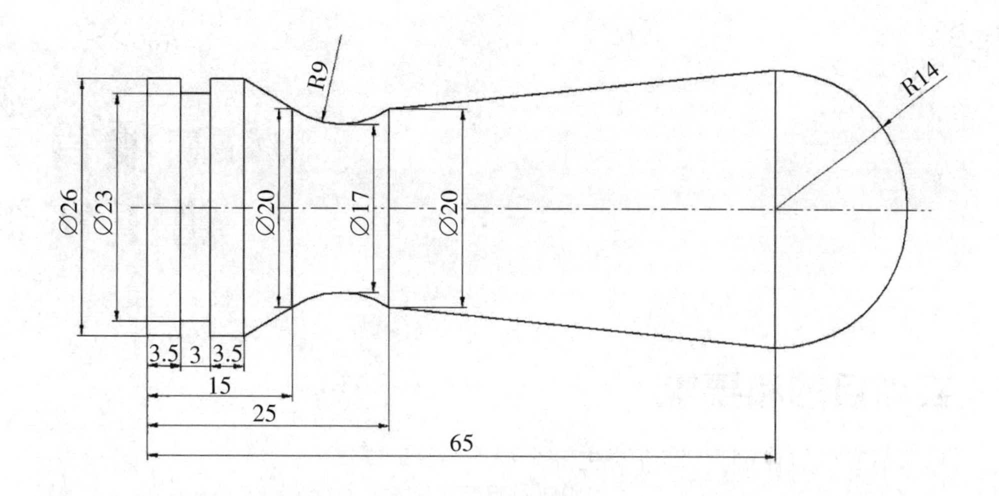

课后拓展：

搜索观看《大国工匠》龙小平带领团队完成大型轴类零件产品的精深加工事迹。

项目三 钳工实训

一、实训目的和要求

（1）了解安全操作规程，增强学生安全操作意识。

（2）了解钳工工种在机械加工生产中的特点、作用及应用。

（3）掌握在实训中常用工具、量具的使用方法。

（4）掌握钳工主要工艺的基本操作方法及能按图样要求独立加工简单零件。

（5）了解钳工在制造业中的重要地位，塑造吃苦耐劳、精益求精的工匠精神。

二、安全操作规程

（1）穿好工作服，佩戴安全帽，长发者则将长发塞入帽中，禁止穿拖鞋，操作机床时严禁戴手套。

（2）不擅自使用机器或者工具，在使用前先检查，发现有故障或损坏时，停止使用并向指导老师报告。

（3）工具取用时要安放整齐，不应随便乱放，以防止丢失、损坏，确保拿取方便。

（4）钳工工件应牢固夹在台虎钳中部，防止松脱或滑落。

（5）使用锯弓时，锯条装于挂销根部，锯齿向前，锯条张力不宜过大或过小。

（6）在锉、刮削时，要选择适当的锉刀与刮刀，检查木柄是否松动，松动则不用。

（7）使用锤子时，需查看木柄有无松脱或损坏，防止锤头脱落伤人。

（8）操作钻床时，应检查设备是否有故障，主轴上是否有钻夹头钥匙。严禁戴手套操作，严禁在开机状态下装卸工件或检验工件。手动钻孔过程中要注意钻屑飞屑，钻屑过长往回收之后再钻，钻孔通了应缓慢放钻床扳手，以免钻头脱落伤人。

（9）操作过程中的钻屑、锉屑、锯屑要用毛刷清除，不得用手清除或嘴吹，以免刮伤手或吹入眼睛。

（10）工作完毕后，要清理场地，所有设备及工具要按要求放回原位，铁屑、垃圾要倒入指定位置。

三、钳工概述

钳工是机械制造中最古老的金属加工方法，因常在钳工台上用虎钳夹持工件操作而得名。其基本操作有划线、锉削、钻孔、扩孔、铰孔、攻螺纹、套螺纹、刮削、研磨及装配、拆卸和修理等。随着现代机械制造业的飞速发展，各种新技术、新工艺应运而生，其中一部分工件可以用电火花加工、超声波加工、激光加工等制造方法代替传统的车、铣、磨等工种的加工，但由于钳工工种具有加工灵活，可加工形状复杂和高精度的零件，投资小等优点，可完成在机械加工场合中加工不便或不能完成的工作，还可以加工高精度和形状复杂的零件，甚至加工出比现代化机床加工还要精密，形状复杂的零件，很难用某种新型技术全部代替，所以在很长的时间内，钳工仍是机械制造业中不可缺少的工种之一。常用基础设备包括：

1. 钳工台

钳工台也称为钳桌或钳台，主要用来安装台虎钳和放置常用工具等，高度在800~900 mm之间，钳口高度以平齐人的手肘为宜，长度和宽度视工作需要而定，分为单人和多人钳工台。

图3-1 钳工工作台

2. 台虎钳

台虎钳是用于夹持工件的通用夹具，包括固定式和回转式两种结构类型。两者工作原理基本相同，不同的是回转式台虎钳的钳身可以旋转于底座上，适合不同方位的加工需要。台虎钳规格用钳口宽度表示，有100 mm、125 mm、150 mm等。

图3-2　台虎钳

台虎钳正确使用方法：

（1）台虎钳滑动配合的表面上要经常加注润滑油，并保持清洁，以防锈蚀。

（2）夹紧工件时，必须靠手的力量来扳动手柄，不能借助其他工具加力。

（3）强力作业时，应尽量使力量朝向固定钳身。

（4）不许在活动钳身和光滑平面上敲击作业。

3. 砂轮机

钻床砂轮机主要用来刃磨各种刀具、其他工具及工件毛边、余量等，由电动机、砂轮和机体组成。砂轮机种类很多，如台式砂轮机、手提式砂轮机和落地式砂轮机等。

图3-3　砂轮机

使用砂轮机注意事项：

（1）砂轮机的旋转方向要正确，只能使磨屑向下飞离砂轮。

（2）启动砂轮机后，待砂轮旋转正常后再进行磨削；当听到有异声或观察到砂轮旋转有不平稳现象时，应立即停机检查。

（3）磨削时，操作者应站在砂轮机的侧面或斜对面，不可面对砂轮机，且用力不能过大。

（4）砂轮表面已磨平或旋转时跳动较大，要及时用修整器修整。

4. 钻床

常用的钻床有台式钻床、立式钻床、摇臂钻床和手电钻等。

(1)台式钻床。台式钻床是指可安放在作业台上，主轴竖直布置的小型钻床。台式钻床钻孔直径一般在13 mm以下。其主轴变速一般通过改变三角带在塔形带轮上的位置来实现，主轴进给靠手动操作。台钻灵活性较大、转速高、生产效率高、使用方便，因而是零件加工、装配和修理工作中常用的设备之一，主要用于加工小型工件上的各种孔，钳工中用得最多。但是由于构造简单，变速部分直接用带轮变速，最低转速较高，一般在400 r/min以上，所以有些需用低速加工的特殊材料或工艺不适用。

(2)立式钻床。立式钻床是主轴竖直布置且中心位置固定的钻床，简称立钻。常用于机械制造和修配工厂加工中、小型工件的孔。加工前，立式钻床须先调整工件在工作台上的位置，使被加工孔中心线对准刀具轴线。加工时，工件固定不动，主轴在套筒中旋转并与套筒一起作轴向进给。工作台和主轴箱可沿立柱导轨调整位置，以适应不同高度的工件。立式钻床作为钻床的一种，也是比较常见的金属切削机床，有着应用广泛，精度高的特点。适合于批量加工。

(3)摇臂钻床。摇臂钻床是一种摇臂可绕立柱回转和升降，通常主轴箱在摇臂上作水平移动的钻床，能用移动刀具轴的位置来对中，这就给在单件及小批生产中加工大而重工件上的孔带来了很大的方便。摇臂钻床操作方便、灵活，适用范围广，具有典型性，特别适用于单件或批量生产带有多孔大型零件的孔加工，是一般机械加工车间常见的机床。

(4)使用钻床的注意事项：

操作钻床时禁止戴手套、围巾，袖口必须扎紧，女生必须戴安全帽。

开动机床时，应检查是否有钻夹头钥匙或斜铁插在主轴上。

工件必须夹紧，通孔将透时，应尽量减小进给力。

钻孔时不可用手、棉纱或者嘴吹来清除切屑，必须用毛刷清除；钻头上绕长铁屑，要停车清除，禁止用口吹、手拉，应使用刷子或铁钩清除。

操作者的头部不准与旋转的主轴靠得太近，停机要让主轴自然停止，不可用手刹，也不得用反向制动。

禁止在钻床运转状态下装拆工件、检验工件和变换主轴转速。

设备运转时，不准擅自离开工作岗位，因故离开时必须停车并关闭电源。

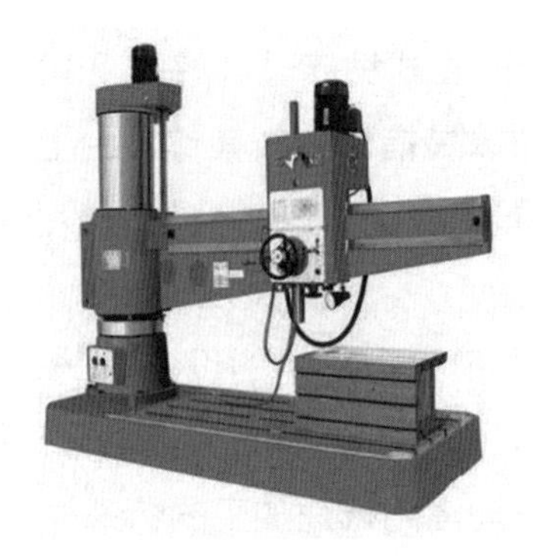

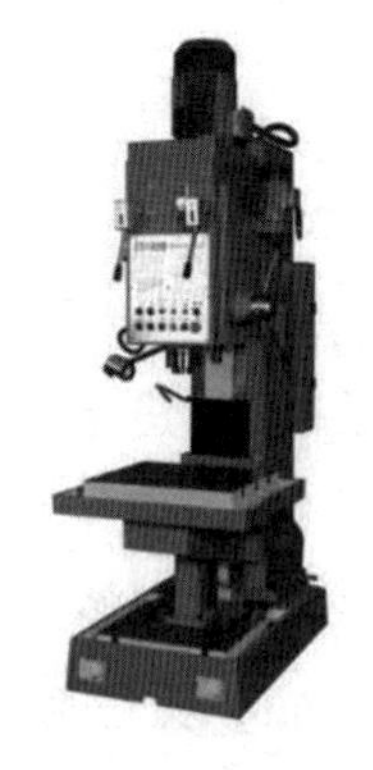

(a)台式钻床　　(b)立式钻床　　(c)摇臂钻床

图3-4　钻床

四、主要工序介绍

(一)划线

划线是根据图样和工艺要求，在毛坯或工件表面利用划线工具划出待加工部位的轮廓线或作为基准点、线的操作。

划线是为了确定工件的加工余量，便于复杂工件在加工中装夹和定位，检查毛坯或工件的尺寸和形状，合理分配加工余量，及时发现不合格产品，减少加工工时和废品的数量，做到正确排料，合理使用材料。

1. 划线工具

(1)方箱和V形铁。方箱一般由铸铁制成，为各表面均经过刨削及精加工的空心立方体，各个相邻的面相互垂直，使用时将工件夹到方箱的V形槽中，可以在多个面上需要划线的工件划出线来。V形铁的作用与方箱相同。

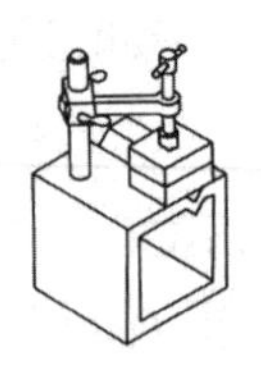

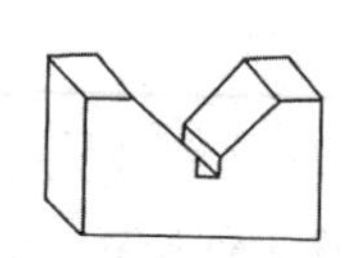

(a)方箱　　(b)V形铁

图3-5　方箱和V形铁示意图

(2)划线平板。一般由铸铁制成，工作表面经过精刨、精刮削或者精磨加工，平板要安放牢固，它的工作表面应保持水平，良好的平面度是划线的基准。

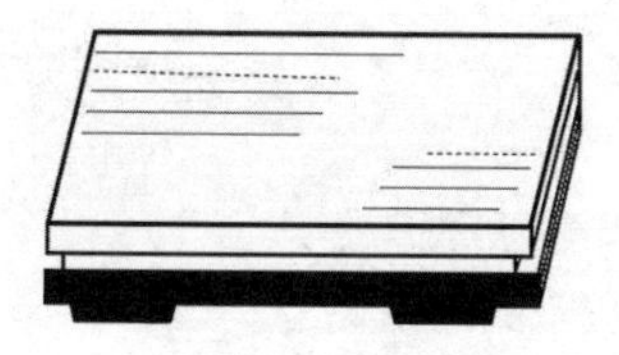

图3-6　划线平板

（3）划针。划针是在工件平面上划线的工具，在划线时因尽量一次性划出，使线条准确清晰。常用钢尺、角尺或样板做导向线划线。

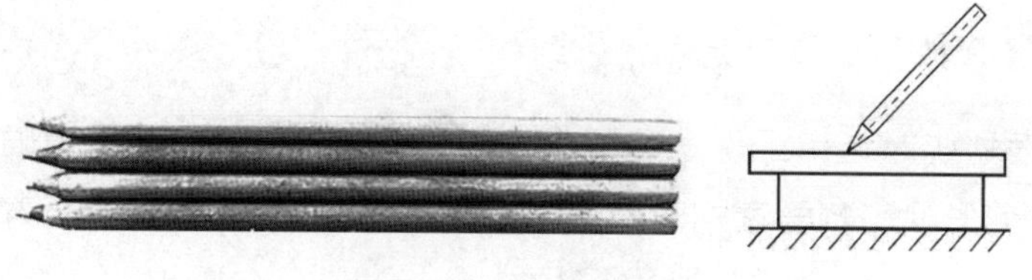

图3-7　划针及使用

（4）划针盘。划针盘是立体划线的主要工具，按需要调节划线高度，并拖动针盘即可在工件上划出与平板平行的线，在工件拐角处也可找正工件的位置。

图3-8　划针盘

（5）划规 。划规可用在工件上划圆、圆弧、等分角度或线段以及量取尺寸，其中划规有普通划规和弹簧划规等。

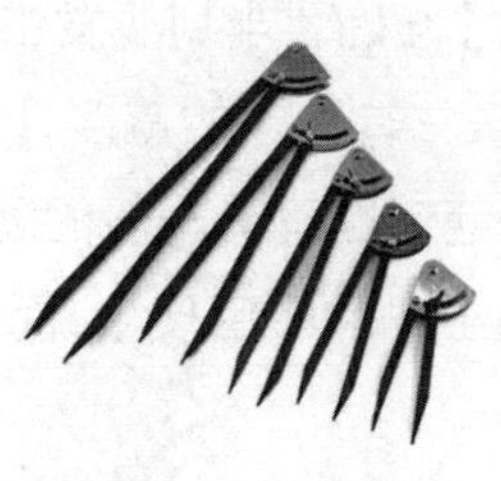

图3-9　划规

（6）样冲。样冲是在划好的线上冲眼的工具，可以起到定心脚点的作用。在划圆和钻孔之前，都应在中心部分打上样冲眼，打冲眼时用小锤轻击样冲顶部即可。样冲的使用如图3-10所示。

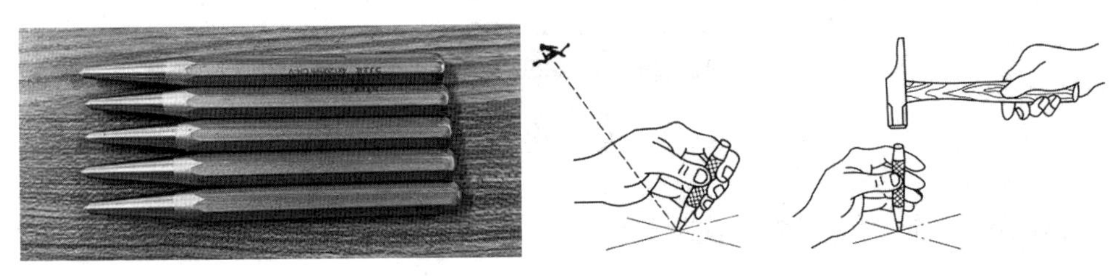

图3-10　样冲及使用

2. 划线基准选择与操作方法

划线基准指划线时选择工件上的某个点、线、面作为依据，并用来确定工件上各个部分的尺寸、几何形状和各要素相对位置。划线之前先要研究好图纸，才能确保划线的迅速与准确性。

划线分为平面划线和立体划线。平面划线只需要在工件的一个表面上划线，即能明确表示出工件的加工界线的划线方法。立体划线是在一个零件上的几个不同表面上划线的方法。划线要求尺寸准确、线条清晰、保证精度。

平面划线与画工程图相似，所不同的是，它是用划针、划规等划线工具在金属材料的各个平面上作图。在批量生产中，为了提高效率，也常用划线样板来划线。下面以轴承座为例说明立体划线过程，它属于毛坯划线，划线具体步骤如下：

（1）分析零件图，根据孔中心及上平面调节千斤顶，使工件水平。

（2）划底面加工线和大孔的水平中心线。

（3）先转90°，用角尺找正，划大孔的垂直中心线及螺钉孔中心线。

（4）再翻90°，用直尺两个方向找正，划螺钉孔极端面加工线。

（5）打样冲眼。

划线是加工的依据，所划出的线条要求尺寸准确、线条清晰。划线除要求划出的线条清晰均匀外，最重要的是保证尺寸准确。当划线发生错误或准确度太低时，都有可能造成工件报废。但由于划出的线条总有一定的宽度，以及在使用划线工具和测量调整尺寸时难免产生误差，所以不可能绝对准确。一般的划线精度能达到0.25~0.5 mm。因此，通常不能依靠划线直接确定加工时的最后尺寸，而必须在加工过程中，通过测量来保证尺寸的准确度。

(二)锯削

锯削是用手锯或者机械锯锯断金属材料或在工件上进行切槽的操作,其工作范围包括:分割各种材料或半成品、锯掉工件上多余部分、在工件上开槽等。

1. 锯削工具

(1)手锯。手锯由锯弓和锯条组成。常用的锯弓有可调式和固定式两种,可调式锯弓通过调节锯身长度可实现安装不同长度的锯条。固定式锯条结构与可调式大致相同,但固定式锯弓不可调节,锯弓只能安装一种定长的锯条。锯弓两端都有夹头:一端是固定的,另一端可以调节蝶形螺母使锯条拉紧。

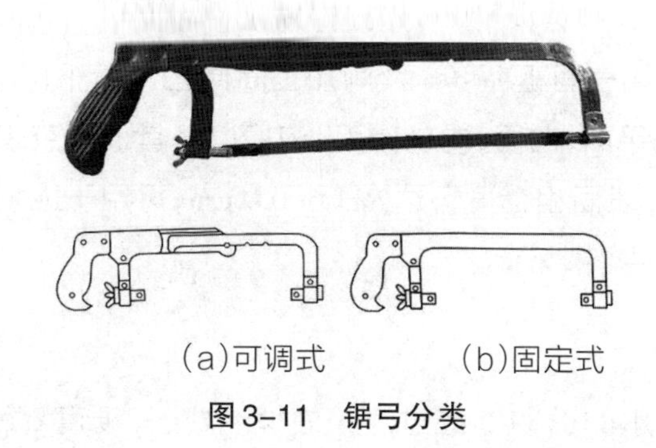

(a)可调式　　(b)固定式

图3-11　锯弓分类

(2)锯条。锯条常用的长度为300 mm,一般由渗碳钢冷轧而成,并经过淬火和低温退火处理。锯齿的粗细以锯条每25 mm长度内的齿数分为粗、中、细三种。依据材料的硬度及薄厚程度选取不同粗细的锯条。

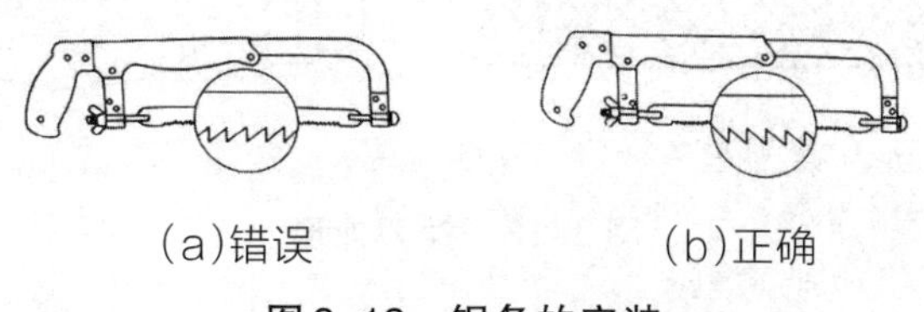

(a)错误　　(b)正确

图3-12　锯条的安装

2. 锯削的基本操作

(1)工件一般夹在台虎钳的左面离钳口20 mm处。锯削线应与钳口保持水平,防止锯斜。工件要夹持稳固,夹持力度适中,防止在锯削时产生振动,同时避免工件变形或夹坏。

(2)依据材料选择适合的锯条,锯条装在锯弓上时,锯齿齿尖要向前,手持锯弓时向前推才起切削作用。锯条松紧要适合,否则容易折断。

(3)起锯时，锯缝位置要与划线一致，左手拇指靠主锯条定位，右手反复推动锯弓，锯力要轻，起锯角在10°~15°之间。起锯质量的好坏直接影响锯削的质量，起锯不正确会使锯削尺寸出现偏差，影响工件精度。

(4)锯削时，姿势要正确，左脚在前与台虎钳中心线约成30°角，右脚与台虎钳中心线成75°角，身体保持自然伸直。左手扶锯弓前端，右手握柄，推力主要靠右手，左手协同右手扶正。在推锯前身体稍向前倾斜，压力应大些，速度慢一些。锯削过程中用力均匀，右手推进，不要左右摆动，不然锯条容易被夹住或折断。

(三)锉削

锉削是钳工主要的操作方法之一，用锉刀对工件表面进行切削加工，使其达到零件图纸要求的形状、尺寸和表面粗糙度。锉削加工简便、工作范围广，多用于錾削、锯削之后，锉削可对工件上的平面、曲面、内外圆弧、沟槽以及其他复杂表面进行加工，锉削的最高精度可达IT7~IT8，表面粗糙度可达Ra1.6~0.8 μm，可用于成型样板、模具型腔以及部件，机器装配时的工件修整。

1. 锉削工具

锉刀由碳素工具钢(T10、T12)经过淬火处理制成，其硬度高耐磨性好，但韧性差。锉刀由锉刀面、锉刀边、锉刀舌、锉刀尾、木柄等部分组成，其中锉刀的大小以锉刀面的工作长度来表示。如图3-13所示。

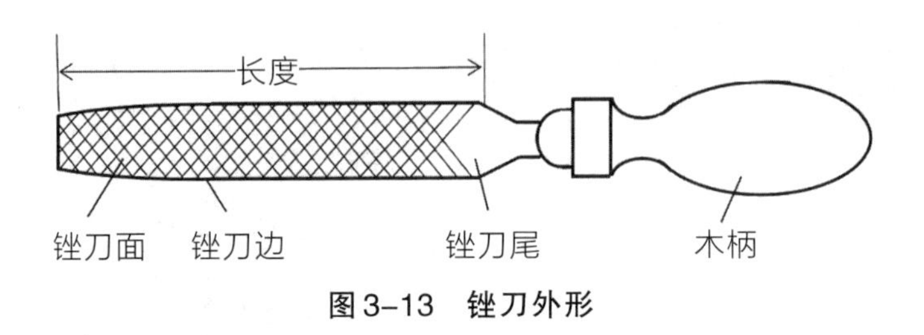

图3-13 锉刀外形

(1)锉刀的分类。锉刀按用途不同，可分为普通钳工锉、整形锉和异形锉三种。

普通钳工锉按剖面形状的不同分为平锉(板锉)、方锉、三角锉、半圆锉和圆锉等，其中普通锉刀的形状如图3-14所示。整形锉又称什锦锉，用于修整工件上的细小部分和精加工。异形锉用来锉工件上特殊表面，其中包括平锉、三角锉、菱形锉、圆肚锉、扁形锉和椭圆锉等。

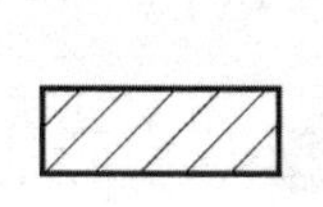
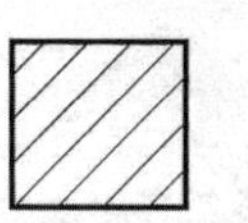

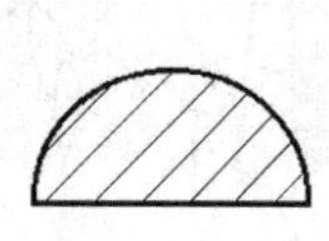
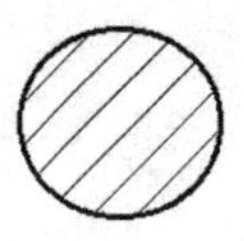

(a)平锉　(b)方锉　(c)三角锉　(d)半圆锉　(e)圆锉

图3-14　普通锉刀形状

(2)锉刀的选用。锉刀的选择根据被锉削工件表面形状和大小,材料的性质,加工余量大小,加工精度和加工表面粗糙度的不同选择不同形状,不同粗细和不同规格的锉刀,选择对的锉刀才能充分发挥它的锉削能力。合理选用锉刀,对保证加工质量,提高工作效率和延长锉刀使用寿命有很大的影响。一般锉刀的选用原则是:

①根据工件形状和加工面的大小选择锉刀的形状和规格。

②根据加工材料软硬、加工余量、精度和表面粗糙度的要求选择锉刀的粗细。粗锉刀的齿距大、不易堵塞,适用于粗加工(加工余量大、精度等级和表面质量要求低)以及铜、铝等软金属的锉削;细锉刀适用于钢、铸铁以及表面质量要求高的工件的锉削;油光锉只用来修光已加工表面,锉刀越细,锉出的工件表面越光,但生产效率越低。

2. 锉削方法

(1)装夹工件。工件必须牢固地夹在台虎钳钳口的中部,需锉削的表面略高于钳口,不能高得太多,夹持已加工表面时,应在钳口与工件之间垫铜片或铝片。

(2)锉刀的握法。正确握持锉刀有助于提高锉削质量。锉刀的握法应根据锉刀的大小不同而不同,一般大的平锉在使用时,右手握住挫柄,左手掌心按住锉端,锉刀保持水平,使用小平锉刀也可使左手拇指与食指按压锉端保持锉刀水平移动。如图3-15所示。

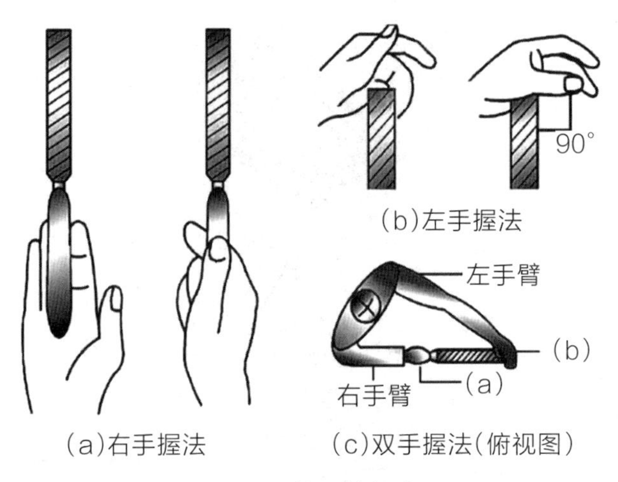

图 3-15　锉刀的握法

(3)锉削的姿势。正确的锉削姿势能够减轻疲劳、提高锉削质量和效率,适应不同的加工需求。锉削时身体要自然,两手握住锉刀放在工件上,身体前倾,重心放在左脚上,目视锉削平面,右小臂与锉刀在一条直线上;锉削向前时,两手臂将锉刀推向前,锉到头时左腿自然伸直,随着锉刀作用力往后,这时身体重心往后回到原位。如此反复。

(4)平面锉削的方法。平面锉削是最基本的锉削,常用的三种锉削方式如图 3-16 所示。

顺向锉法——锉刀沿着工件表面横向或纵向移动,锉削平面可得到平直的锉痕,比较美观,适用于工件锉光、锉平或锉顺锉纹。

交叉锉法——是以交叉的两个方向对工件进行锉削,由于锉痕是交叉的,容易判断锉削表面的不平程度,因此也容易把表面锉平,交叉锉法去屑较快,适用于平面的锉削。

推锉法——两手对称地握着锉刀,用两个拇指推锉刀进行锉削,这种方式适用于较窄表面且已锉平、加工余量较小的情况,来修正和减少表面粗糙度。

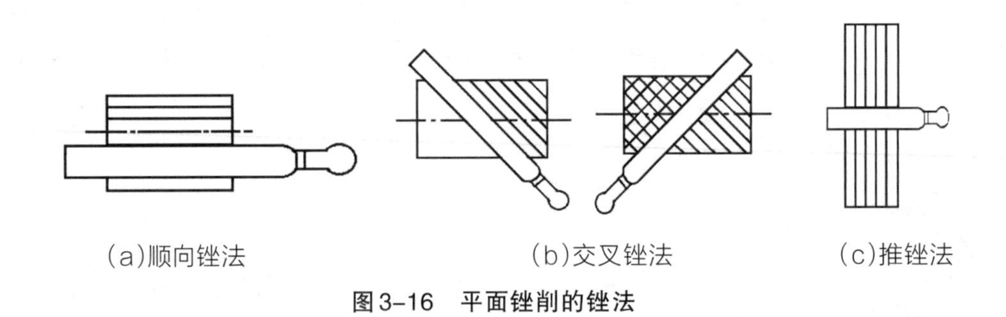

图 3-16　平面锉削的锉法

(5)锉削平面质量的检查。检查平面的直线度和平面度:用钢尺和直角尺以透光法来检查,要多检查几个部位并进行对角线检查;

检查垂直度:用直角尺采用透光法检查,应选择基准面,然后对其他面进行检查;

检查尺寸:根据尺寸精度用钢尺和游标卡尺在不同尺寸位置上多测量几次;

检查表面粗糙度:一般用眼睛观察即可,也可用表面粗糙度样板进行对照检查。

3.锉削操作要注意的事项

(1)锉刀必须装柄使用,以免刺伤手腕,松动的锉刀柄应装紧后再用。

(2)不准用嘴吹锉屑,也不要用手清除锉屑;当锉刀堵塞后,应用钢丝刷顺着锉纹方向刷去锉屑;使用锉刀完毕后要清理干净以免生锈。

(3)对铸件上的硬皮或黏砂、锻件上的飞边或毛刺等,应先用砂轮磨去,然后锉削。

(4)锉削时不准用手摸锉过的表面,因手有油污,再锉时打滑;锉刀不能沾油或者水。

(5)锉刀不能作撬棒或敲击工件,防止锉刀折断伤人。

(6)放置锉刀时,不要使其露出工作台面,以防锉刀跌落伤脚;也不能把锉刀与锉刀叠放或锉刀与量具叠放。

(7)粗锉时应选用锉刀的有效全长,提高锉削效率和避免锉齿局部磨损。

(四)刮削

刮削指的是用刮刀在工件表面进行精加工的方法。刮削对工件既有切削作用,又有推挤和压光作用,可将工件与校准件或其他进行涂色确定其加工部位,去除或修正表面细微不平衡部分,使工件表面得到较细的粗糙度,工件能够与互配件精密配合,达到精加工精度预定的要求。

1.刮削工具

主要工具是刮刀,它由高级碳素钢制成,其端部锋利。刮刀依据工件形状的不同可分为平面刮刀和曲面刮刀。三角刮刀和蛇头刮刀如图3-17所示。

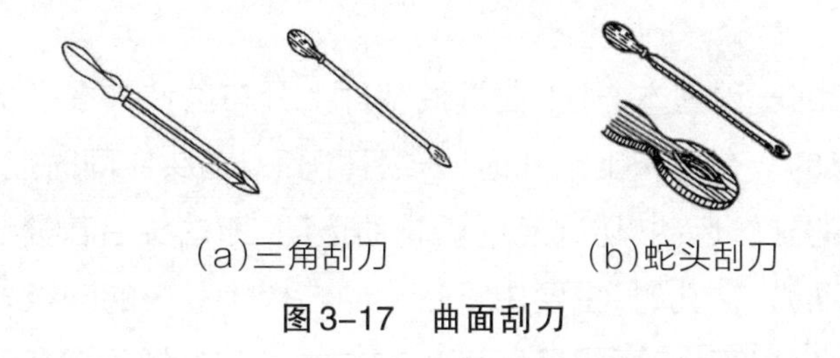

(a)三角刮刀　　(b)蛇头刮刀

图3-17　曲面刮刀

平面刮刀有直头和弯头两种。适用于刮平面和刮花,有粗刮刀、细刮刀和精刮刀三种。

曲面刮刀用于刮削内曲面，其常用有三角刮刀、柳叶刮刀和蛇头刮刀三种。

2. 校准工具

研具是用来推研磨点和检查被刮削平面的准确性的工具。常用的研具有校准直尺、角度直尺、校准平板及依刮削平面专用校准工具。

3. 显示剂

显示剂的作用是在工具与校准工具对研时，涂在上面显示工件误差的位置和大小，常用的显示剂有红丹粉和蓝油。红丹粉分为铅丹（氧化铅）和铁丹（氧化铁），调和机油后使用，适用于钢和铸件；蓝油是蓝粉和蓖麻油调和适量机油而成，适用于精密工件或者非铁金属材料。

4. 刮削方法

平面刮削分为粗刮、细刮、精刮和刮花。

（1）粗刮。若工件比较粗糙时，先用粗刮使工件表面平滑，采用连续推产法。很快地刮掉工件表面的刀痕、锈斑及过多加工余量。当刮到每25 mm × 25 mm的方框内有2~3个研点时可完成粗刮。

（2）细刮。细刮是在粗刮后刮去稀疏的大块研点，目的是进一步改善被刮削表面的不平现象。采用短刮削，刀痕宽而短，刮到25 mm × 25 mm的方框内有12~15个研点时，完成细刮。

（3）精刮。精刮选用精刮刀更仔细地刮研点，目的是增加研点数量，改善表面质量刮削时用力轻刀痕短，每个点刮一次，不可重复。当刮到每25 mm × 25 mm的方框内有20个以上的研点时可完成精刮。

（4）刮花。刮花是在工件或者机器表面上用刮刀刮出修饰性花纹，其目的是美观。常见的有鱼鳞花纹和斜纹。

（五）钻削

钻削是孔加工的一种基本方法，在机械零件上分布着许许多多精度不高的孔都是在钻床上加工出来的。在钻床上钻孔时，一般情况下，钻头应同时完成两个运动：主运动，即钻头绕轴线的旋转运动（切削运动）；辅助运动，即钻头沿着轴线方向对着工件的直线运动（进给运动）。钻孔时，主要由于钻头的结构上存在的缺点，影响加工质量，加工精度一般在IT10级以下，表面粗糙度为Ra12.5 μm左右，属于粗加工。钳工常用的钻床有台式钻床、立式钻床和摇臂钻床，前一节有详细介绍。

1. 钻夹工具

常用的钻床夹具主要包括装夹钻头的夹具和装夹工件的夹具。

钻夹头用于装夹直柄钻头。直柄钻头如图3-18所示。钻夹头尾部是圆锥面，可装在钻床主轴的锥孔里面，头都有三个自动定心夹爪，通过扳手可使三个夹爪同时合拢或张开，起到夹紧或松开钻头的作用。

钻套及锥柄钻头的安装钻套又称过渡套筒，用于装夹锥柄钻头。钻套有5个规格（1、2、3、4、5号）。使用时，可根据麻花钻锥柄及钻床主轴内锥孔锥度来选择。拆卸锥柄钻头时，一手握钻头，一手用锤子轻击楔铁。

立式钻床通常采用锥柄钻头，钻头可直接装夹在钻床主轴锥孔内。装锥柄钻头时，先擦净钻头柄和主轴的锥孔，将钻头锥柄轻放在主轴锥孔内，扁头对准主轴上的通孔，用力上推，利用加速冲力一次安装。

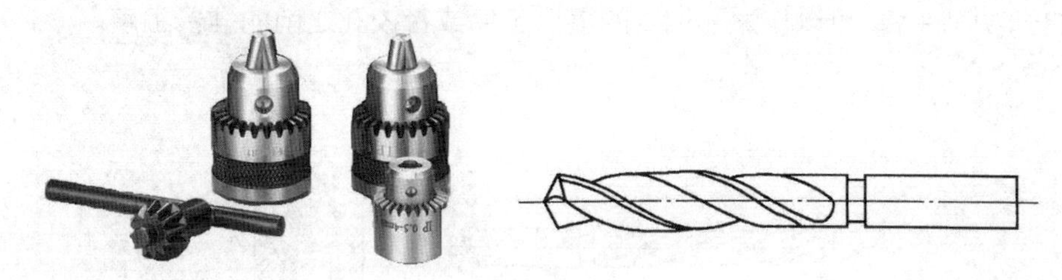

图3-18　直柄钻头

2. 钻孔方法

钳工钻孔方法与生产规模有关，批量生产时，需要借助于夹具来保证加工位置；单件生产时，借助于划线来保证加工位置。一般操作如下：

钻孔前一般先划线，确定孔的中心，在孔中心先用冲头打出较大的中心眼，以加工半径划圆，对孔精度要求较高的孔还要划出检验圆，即因加工偏差导致孔钻偏了，但只要在检验圆范围内也是可以接受的。

对于批量加工时，为了提高生产效率，一般采取样板辅助加工。样板的制作通常是根据样件形状和加工孔位置切割出薄金属板。

3. 一般工件的加工方法

（1）起钻。把钻头对准钻孔的中心，然后启动主轴，待转速正常后，手摇进给手柄，慢慢起钻，钻出一个浅坑（锥坑形状）。这时观察钻孔位置是否正确，如果钻出的锥坑与所划线的钻孔中心线不同心，则需及时纠正。

（2）借正。如钻出的锥坑与所划的钻孔中心偏差较小，可移动工件来借正；如偏差较大，可通过冲眼来引正钻头；如果偏差仍较大，则需要用其他机械加工方法（如镗或铣等）替代钻孔方法。

（3）限位。钻不通孔时，可按所需要钻孔深度调整钻床挡块限位，当所需要孔深度要求不高时，也可用标尺限位。

（4）排屑。钻深孔时，钻头钻进深度达到钻头直径的3倍时，钻头就要退出排屑一次，直至结束钻孔。禁止连续钻削。

（六）扩孔、锪孔及铰孔

1. 扩 孔

扩孔是把工件原有的小孔进行扩大加工的方法，通常精度较高的中小孔在钻削过后需要采用扩孔或铰孔进行半精加工或精加工。扩孔钻和扩孔如图3-19所示。

扩孔钻的形状与普通的麻花钻相似，不同之处在于没有刀刃，前端平。其刚性好，导向性好，切削平稳，可以作为孔加工的最后工序或者铰孔之前的准备工序。

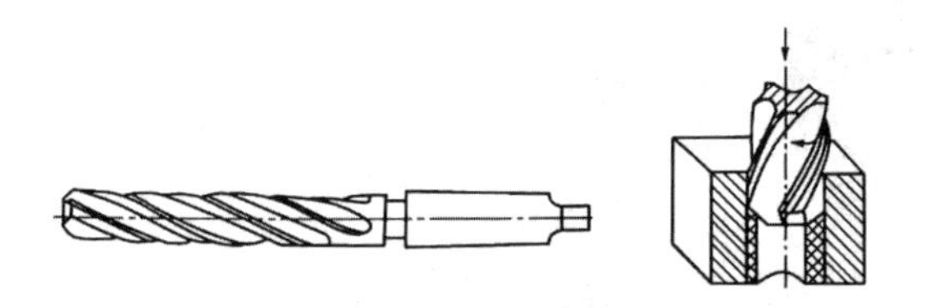

图3-19　扩孔钻和扩孔

2. 锪 孔

圆柱形埋头孔锪钻的端刃主要起切削作用，周刃作为副切削刃，起修光作用。为了保持原有孔与埋头孔同心，锪钻前端带有导柱，可与已有的孔滑配合起定心作用。锪钻如图3-20所示。

图3-20　锪钻

锥表锪钻顶角有60°、75°、90°及120°这4种，其中90°的应用最广泛。锥形锪钻有6~12个刀刃。端面锪钻用于锪与孔垂直的孔口端面（凸台平面）。小直径孔口端面可直接用圆柱形埋头孔锪钻加工，较大孔口的端面可另行制作锪钻。锪削时，切削速度不宜过高，钢件需加润滑油，以免锪削表面产生径向振纹或出现多棱形等质量问题。

3. 铰孔

铰孔是用铰刀对孔进行精加工的一种方法。在孔壁上切除微量金属以提高孔的尺寸精度和减少表面粗糙度。

铰刀有手用铰刀和机用铰刀两种。手用铰刀为直柄，工作部分较长，铰孔时导向作用较好。在手动铰孔时，铰刀在孔中不允许倒转。机用铰刀多为锥柄，可装在钻床、车床或镗床上铰孔，在机床上铰孔时，要在铰刀退出后才可停车。铰刀的工作部分由切削部分和修光部分组成，切削部分呈锥形，担负切削工作，修光部分起导向和修光作用。铰刀有6～12个切削刃，每个刀刃的切削负荷较轻。铰孔时，选用的切削速度较低，进给量较大，并要使用切削液，铰铸铁件用煤油，铰钢件用乳化液。

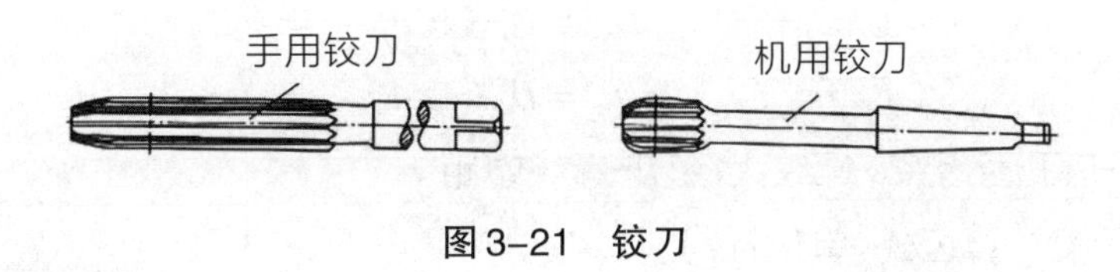

图3-21　铰刀

(七)攻螺纹

用丝锥在圆孔中切削出内螺纹称为攻螺纹，在钳工生产中螺纹主要是手工加工。

1. 攻螺纹的工具

(1)丝锥。丝锥是加工内螺纹用的工具，其工作部分包括切削部分和修正部分。切削部分是圆锥形。修正部分是完整的齿形，用于校准和修光螺纹。丝锥按加工螺纹种类的不同可分为普通三角螺纹丝锥、圆柱管螺纹丝锥、圆锥管螺纹丝锥，按加工方法可分机用丝锥和手工丝锥。

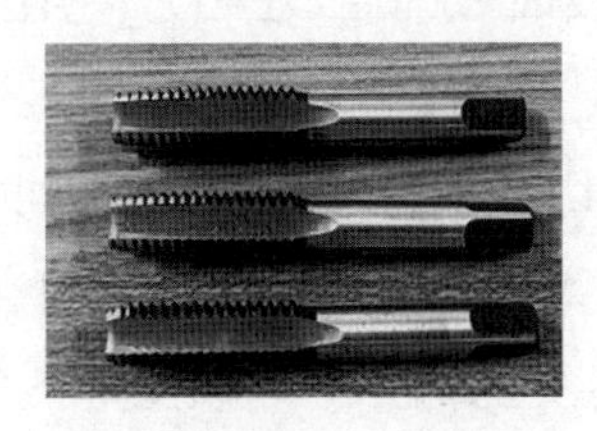

图3-22　丝锥

(2)铰手。铰手是用来夹持丝锥的工具，也称为铰杠。铰手有固定式和活络式。铰手也可分普通铰手和丁字铰手，丁字铰手主要用于攻工件凸台旁或机体内部的螺孔。在操作时把丝锥的方榫插入到铰手孔中，旋转铰手攻螺纹即可。

图 3-23　铰手

2. 攻螺纹底孔直径和深度的确定

在攻螺纹时，切削刃在切削金属的同时也在挤压金属，从而产生金属凸起向牙尖流动的现象，因为金属会产生塑性变形。被挤出的金属会卡住丝锥甚至将其折断，所以底孔直径应略大于螺纹直径，但又不要太大，使丝锥攻出的螺纹正好形成完整的螺纹又不易卡住。

（1）公制螺纹底孔直径计算公式（单位 mm）：

脆性材料　　$D_{底} = D - 1.5P$

韧性材料　　$D_{底} = D - 1.5P$

式中：$D_{底}$–底孔直径；D–螺纹大径；P–螺纹螺距。

（2）底孔深度计算公式（单位 mm）：

$$H = H_{有效} + 0.7D$$

式中：H–钻孔深度；$H_{有效}$–有效螺纹深度；D–螺纹大径。

钻孔的深度要大于螺纹的有效深度。

3. 攻螺纹的方法

（1）在攻螺纹处划线，依据以上方法确定底孔直径和钻孔深度。

（2）在底孔孔口处倒角。倒角直径要略大于螺纹直径，这样可使丝锥开始切削时容易切入，防止孔口挤压出凸边。

（3）用头锥起攻。起攻时，右手按住铰手中部沿丝锥轴线用力加压，左手配合顺向旋进，或者两手握住铰手两端均匀施加压力，将丝锥顺向旋进，保证丝锥轴线与孔轴线重合。当丝锥攻入 1~2 圈后，应及时从前后、左右方向用直角尺进行检查，不断地校准，避免产生歪斜。

（4）正常攻螺纹。当丝锥的切削部分全部切入工件时，不需要再施加压力，顺着丝锥作自然旋进即可。每转 1~2 圈，反转 1/4 圈使切削碎屑排出，避免碎屑卡住丝锥也防止螺纹牙形损坏。攻螺纹操作如图 3-26 所示。

（5）攻螺纹时，需按头锥、二锥、三锥的顺序功削直至到达标准尺寸要求。

4. 攻螺纹注意事项

（1）攻不通孔螺纹时，丝锥上要做好深度标记，并经常退出丝锥，清除切屑。

（2）攻螺纹时，要适当加入润滑油。攻铸铁材料的螺纹时，使用煤油；攻钢质材料的螺纹时，使用机油；攻铝或纯铜材料的螺纹时，使用乳化液。

(八)套螺纹

用板牙在圆杠表面加工外螺纹称为套螺纹。

1. 套螺纹工具

(1)板牙。板牙是攻外螺纹的工具,外形像一个高硬度的螺母,外圆上有锥坑和V形槽,用来固定板牙。螺孔周围设有排屑孔,并有切削刃。板牙按外形和用途分为圆板牙、方板牙、六角板牙和管形板牙,其中常用的是圆板牙。板牙加工出的螺纹精度较低,但由于结构简单、使用方便,在单件、小批生产和修配中板牙仍得到广泛应用。

图3–24　板牙

(2)板牙铰手。板牙铰手是用来夹持板牙的工具,作用是传递转矩,把板牙放入板牙铰手,扭紧螺钉即可使用。

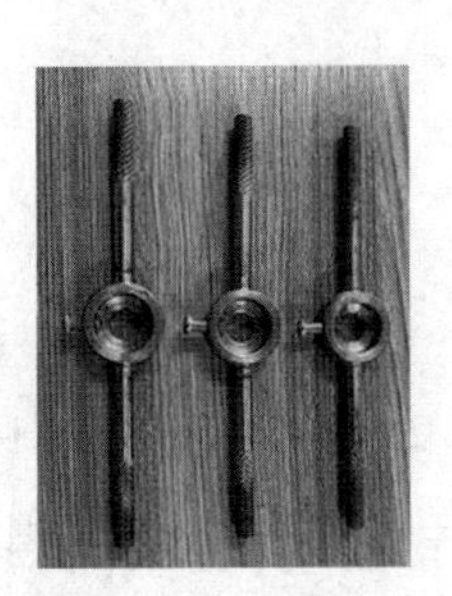

图3–25　板牙铰手

2. 套螺纹时圆杆直径的确定

与攻螺纹一样,套螺纹切削过程中,工件材料受挤压变形,因此,圆杆直径要小于螺纹大径。

圆杆直径计算经验公式(单位mm):

$$d_0 = d - 0.13P$$

式中 d_0——圆杆直径;d——螺纹大径;P——螺距。

3. 套螺纹的方法

(1)套螺纹与攻螺纹方法一样,一只手按住铰手中部,沿圆杆轴线方向施加压力,另一只手配合，顺时针方向切进，转动要慢且压力要大。套螺纹如图3–26所示。

(2)保证板牙面与圆杆轴线的垂直度。在套出2~3牙时，要及时检查其垂直度并作准确校正。

(3)正常套螺纹时，让板牙依靠螺纹自然引进，不要施加压力，以免损坏板牙和螺纹。在套螺纹过程中也要经常反复反转板牙1/4~1/2圈，以便断屑和排屑。

(4)在钢件上套螺纹时要加切削液，使被加工螺纹表面粗糙度降低和延长板牙使用寿命。一般用机油、工业植物油或比较浓的乳化液。

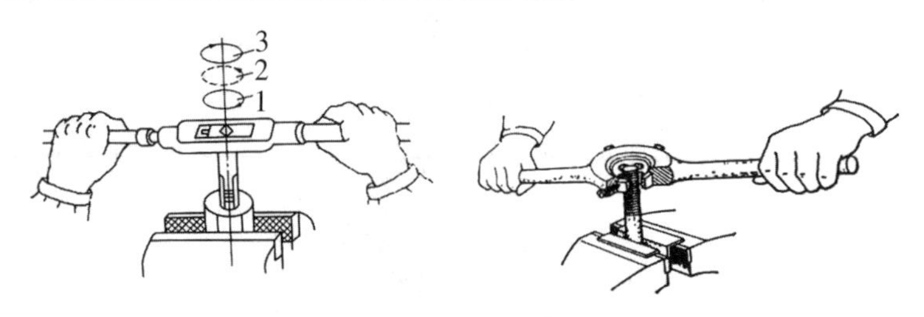

图3–26　攻螺纹(左)和套螺纹(右)操作

五、综合实训：扁嘴榔头与六角螺母

(一)扁嘴榔头的制作

1. 材料及工、量具

(1)毛坯材料：Q235钢材，尺寸20 mm × 20 mm × 100 mm。

(2)工具：锉刀、锯弓、锤子、样冲、划针、圆规和∅10 mm钻头等。

(3)量具：游标高度尺、游标卡尺、直角尺、钢直尺、厚薄规和半径样板等。

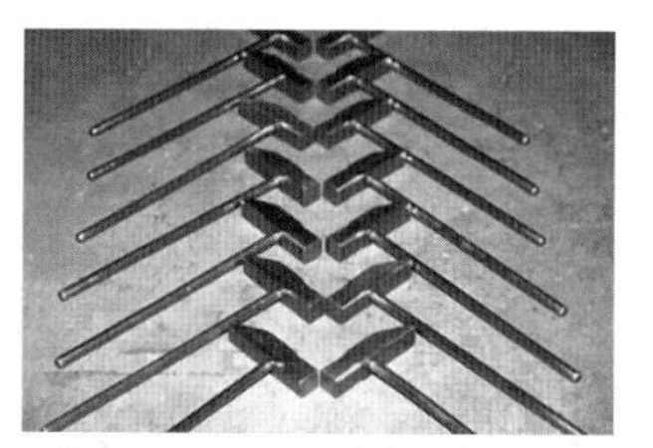

图3–27　扁嘴榔头图样

2. 实训要求

(1)掌握平面、内外圆弧面、平面与圆弧面连接的锉削方法，达到圆弧连接圆滑，表面光洁。

(2)通过综合作业，要求能掌握锉削加工工艺和检测方法，进一步熟悉划线、锯削、锉削和钻孔等方面的操作技能。

(3)按教师要求，整理完成报告。

表 3-1　榔头加工工艺流程

榔头加工工艺过程卡				
工序号	工序名称	工艺示意图	工艺内容	设备
1	下料	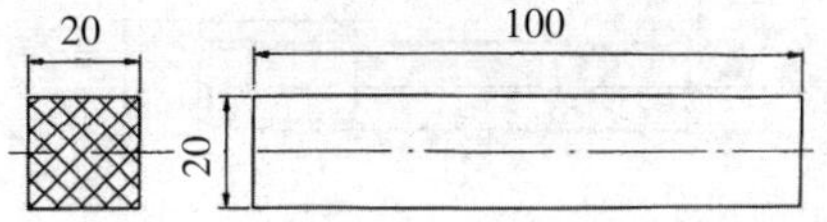 20　100　20	下料尺寸 100 mm	锯弓 钢尺 划针
2	锉基准面	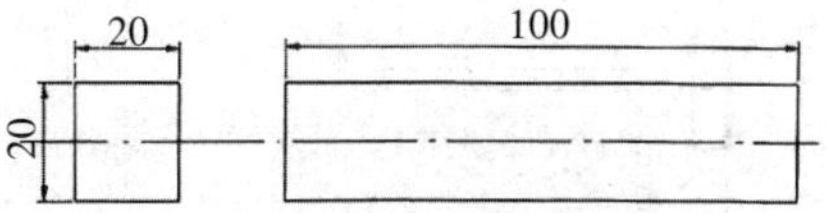 20　100　20	锉平一端端面	锉刀
3	划线	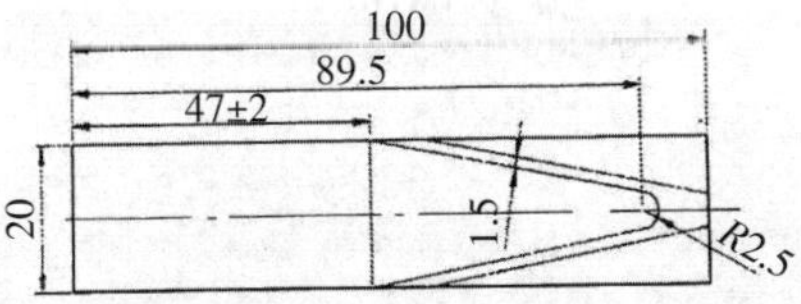 100　89.5　47±2　20　1.5　R2.5	以基准面为基准，按图划斜线、孔线并打样冲眼	钢尺
4	锯割	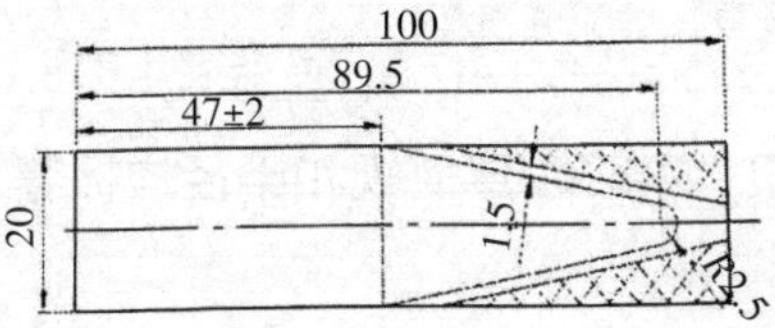 100　89.5　47±2　20　1.5　R2.5	按图锯割斜面，保留 1~1.5 mm 余量	锯弓
5	锉斜面	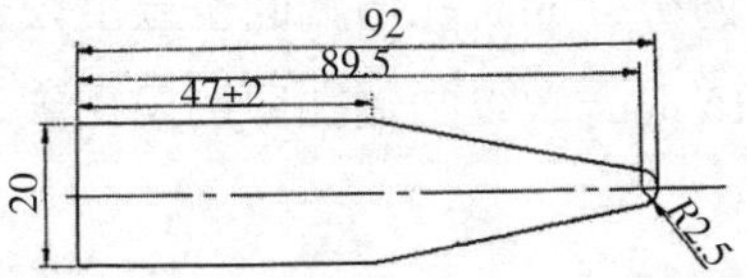 92　89.5　47±2　20　R2.5	锉斜面余量合图	锉刀
6	锉倒角	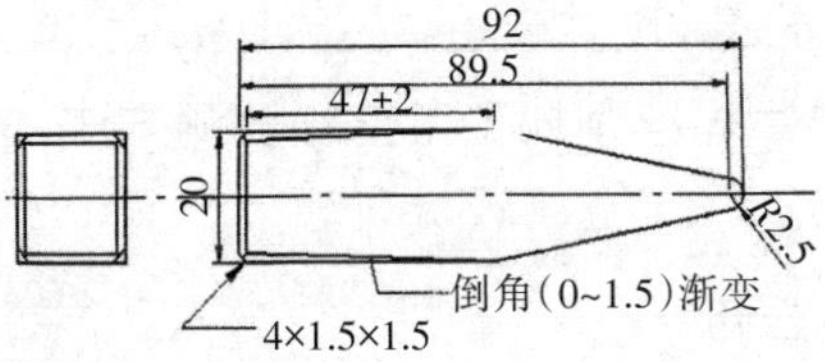 92　89.5　47±2　20　R2.5　倒角（0~1.5）渐变　4×1.5×1.5	锉倒角合图	锉刀
7	钻底孔	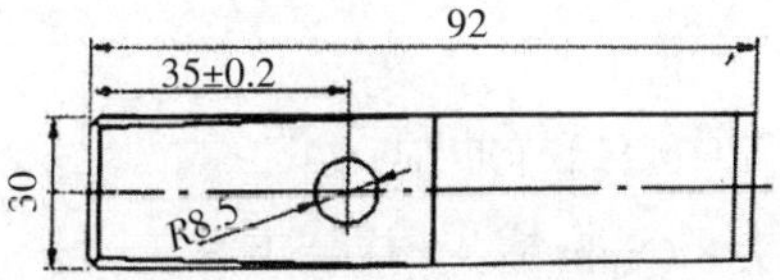 92　35±0.2　30　R8.5	钻底孔 F8.38，小径等于大径-1.08P	钻床
8	攻螺纹	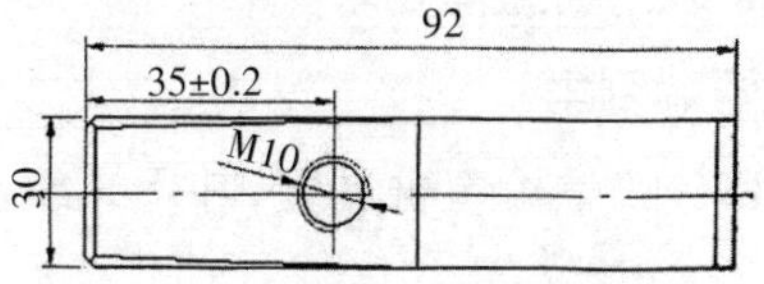 92　35±0.2　30　M10	攻螺纹	丝锥

续表

榔头加工工艺过程卡				
工序号	工序名称	工艺示意图	工艺内容	设备
9	套螺纹	M10　170±0.2　20	手柄一端套螺纹	板牙
10	装配		组装调试	

(二)六角螺纹

1. 材料及工、量具

(1)毛坯材料:Q235钢材。

(2)工具:锉刀、锯弓、锤子、样冲、划针、钻头、丝锥等。

(3)量具:游标卡尺、直角尺、钢直尺、厚薄规和半径样板等。

2. 技术要求

(1)螺纹底孔的对称度公差为0.20 mm,孔与端面垂直度公差为0.15 mm。

(2)螺纹的垂直度公差为0.15 mm,螺纹两端孔口倒角正确,螺钉配合正确。

3. 实训要求

(1)掌握平面的锉削方法,打孔、攻丝技巧。

(2)通过综合作业,要求能掌握锉削加工工艺和检测方法,进一步熟悉划线、锯削、锉削和钻孔等方面的操作技能。

(3)按教师要求,整理完成报告。

4. 工艺流程

(1)按图样要求划线,并在孔中心打样冲眼。

(2)调整钻床,在钻床上装夹8.6 mm钻头,并装夹好工件。

(3)钻削M10螺纹底孔,并保证达到图样要求。

(4)用∅20 mm钻头对孔口两端倒角。

(5)用M10丝锥攻制M10螺纹,注意检查垂直度,并用螺纹塞规检验。

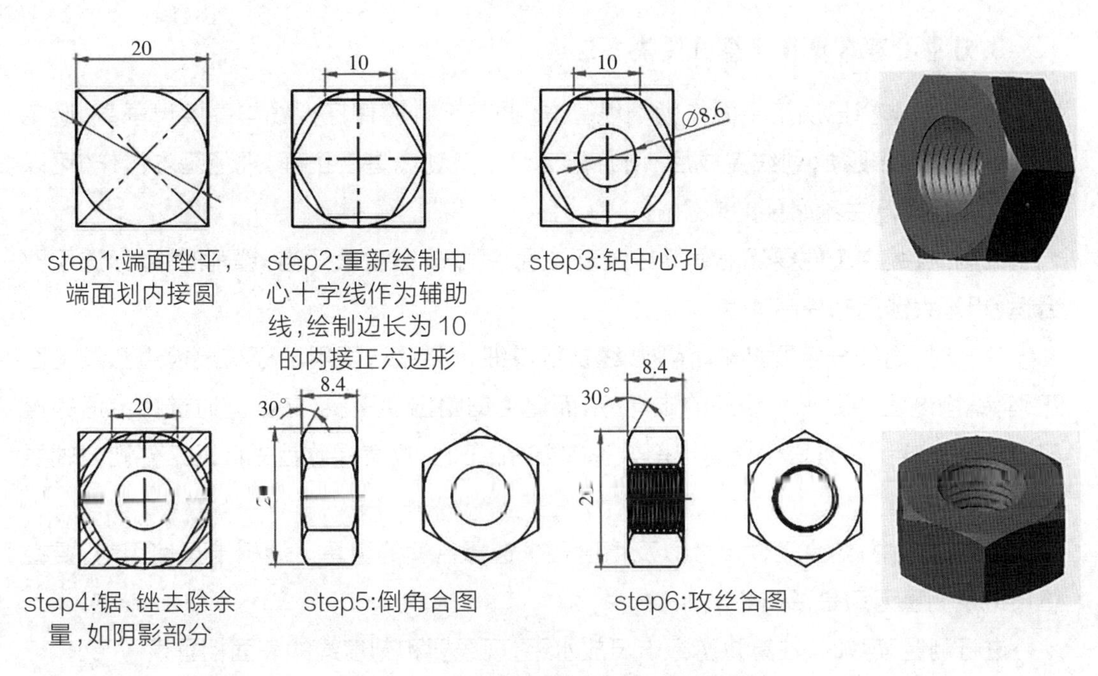

图3-28　六角螺母制作工艺流程图样

六、常见问题及解决措施

（一）操作时加工速度慢和加工质量差的主要原因及解决方法

1. 加工慢问题的原因分析

（1）在划线时视线没有和高度尺相垂直。

（2）进行锯削时技能无法熟练掌握，造成锯削余量比较大，锉削时间被延长。

（3）在锉削操作中，锉刀选择不合适。

（4）钻孔时，划线没有准确化，时间耗费比较长。

2. 操作质量问题的原因分析

（1）测量时方法不当造成测量尺寸不对，影响实际加工的质量。

（2）在锯削操作中，锯缝线没有按照竖直线放置，造成锯削过线问题。

（3）起锯尺寸控制上不准确，锯路出现歪斜。

（4）锉刀使用没有端平会造成前后高度不一致。

（5）在螺纹的质量上，螺纹乱牙主要是攻螺纹时没有旋合好。

3. 对钳工基本操作问题的解决方法

划线时，选择已加工平面作为划线基准，调节尺寸时保证视线与高度尺垂直，避免出现仰视、俯视现象；划线完成后，用游标卡尺检查划线是否正确；规范基本操作，可以减少加工期间产生不必要的麻烦。

锯削时，装夹工件要保证锯缝线竖直放置，锯条安装松紧适当；锉削时，锉刀选用要合适，粗牙大锉用来提高速度。

钻孔时，划线一定要准确、清晰，线条尽量细，划完线，要用游标卡尺检查孔线是否正确；锯削过程中要观察锯条的走向，从而避免锯路出现歪斜；在锯削时选择合适的锉刀通过交叉锉削的方法可提高锉削效率；螺纹加工时，攻套螺纹首先保证工件孔或轴要倒角。

操作过程中，结合工件尺寸以及精度要求选择合适的量具。游标卡尺使用前，要检查量爪及测量刃口是否损坏。

进行测量读数时，注意将游标卡尺放水平，视线要和刻度线的表面相垂直。

配合时，要检查划线是否正确，锉削面是否平正；对称性，尽量使设计基准和定位基准重合；工序选择要合适，按照零件图样，注意合理安排加工顺序；测量工具使用合理，测量前工具要校零。

(二)锯齿崩裂、折断和锯缝产生歪斜的原因及解决方法

1. 出现锯齿崩裂、折断现象的原因

(1)锯条装得太紧或太松，锯削时锯条中间局部磨损；

(2)锯条选择不当；

(3)工件未夹紧，锯削时工件有松动；

(4)起锯角太大或近起锯时用力过大；

(5)锯削时突然加载压力，被工件两边钩住锯齿而崩裂。

2. 产生锯缝歪斜的原因

锯弓平面歪斜，锯缝线未能与铅垂直线方向一致，锯削压力过大使锯条左右偏摆，锯弓未扶正或用力歪斜，使用锯齿两面磨损不均的锯条。

为避免以上现象的出现，在安装工件时就要夹紧，选择合适的锯条装到锯弓上。起锯时，锯角不宜过大，力度要适中，锯条要与锯缝线一致。在行锯过程中纠正歪斜的锯缝，工件被锯断时要减慢锯削速度和减小锯削用力，以免手突然失去平衡而折断锯条。

七、复习思考题

1. 试述钳工工作的主要内容及台虎钳的正确使用方法。
2. 试述机械加工中划线的作用及划线常用的工具。
3. 划针、划线盘的正确使用方法。
4. 锯条锯齿粗细及应用场合。
5. 锯条安装松紧要适当的原因。
6. 起锯的方法。
7. 锉刀的种类及应用场合。
8. 锉削质量的检查方法。
9. 钻孔的方法。
10. 攻螺纹前确定底孔直径及底孔深度的方法。
11. 手工攻螺纹的方法。
12. 套螺纹前确定圆杆直径的方法。
13. 攻螺纹和套螺纹的常用工具。
14. 刮削的原理及常用工具。
15. 显示剂的种类和使用方法。
16. 粗刮、细刮、精刮和刮花的不同点。

课后拓展:

观看央视网《挑战不可能》节目,了解匠心筑梦故事:中国兵器西北工业集团的钳工技师张新停“蛋上钻孔”、中车株洲电机有限公司钳工盛金龙“秒配钥匙”。

项目四 焊接实训

一、实训目的和要求

（1）培养学生良好的安全与文明生产意识。

（2）培养学生焊接工艺分析能力、动手操作能力。

（3）促进学生了解各种焊接的特点、内容、作用及应用场合。

（4）正确使用焊接工具和设备进行安全操作。

（5）掌握手工焊接的操作方法，能进行简单的电弧焊焊接。

（6）了解焊接有害因素的种类及其主要防治措施。

（7）了解焊接领域未来发展方向。

二、安全操作规程

（1）操作者必须穿戴好防护用品（工作服、面罩、手套、护目镜、胶鞋），观察者戴好护目镜、面罩，以防烫伤、焊渣飞入眼睛。

（2）未经允许不得使用焊接器具及其他设备。在使用前先按正确要求检查设备是否完好，如发现有安全隐患及时向指导教师汇报，未排除安全隐患严禁操作。

（3）不得私自拆装实训室焊接设备或工具。

（4）工作结束后，应切断电源，清理好工具和设备，摆放整齐。打扫工作场地保持工作环境整洁卫生。离开前认真检查工作现场，确认无安全隐患后方可离场。

三、焊接实训概述

（一）焊接的概念

焊接是通过加热或加压，或两者兼用，用或不用填充材料，使焊件达到原子结合的一种加工方法。它是一种生产不可拆卸的结构的工艺方法，具有连接性能好、省工省料、成本低、重量轻等优点，但在焊接过程中会产生焊接应力和变形。

(二)焊接的特点

1. 焊接的优点

(1)焊接可将大而复杂的结构分解为小而简单的结构进行拼接。

(2)焊接可实现不同材质的连接成型。

(3)焊接结构重量轻,利用焊接方法制造运输工具可提高其承载能力。

(4)焊接与铸造相比,不需要制作木模和砂型,也不需要专门熔炼、浇注,工序简单。

(5)焊接与铆接相比,可以节省大量金属材料,减小结构的重量。其原因在于焊接结构不必钻铆钉孔,材料截面能得到充分利用,也不需要辅助材料。

2. 焊接的缺点

(1)产生焊接应力与变形。

(2)焊缝中存在一定的缺陷。

(3)焊接中会产生有毒有害物质等。

(三)焊接的种类

焊接方法有很多种,根据它们的焊接过程和特点可将其分为熔焊、压焊和钎焊三大种类。常用的金属焊接方法如图 4-1 所示。

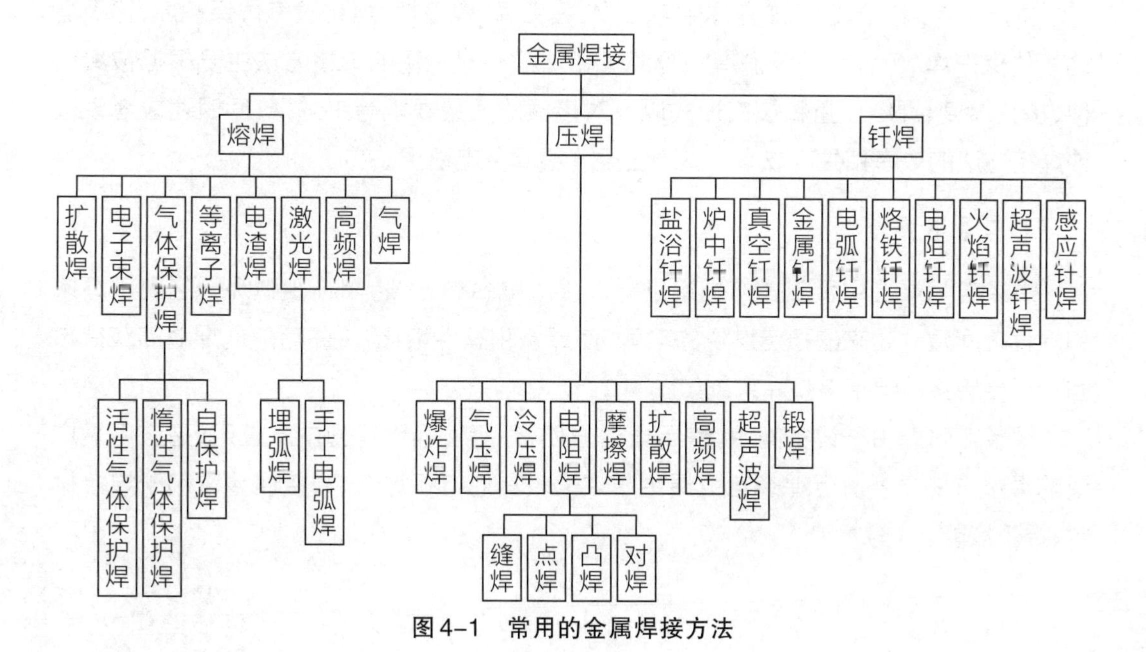

图 4-1 常用的金属焊接方法

1. 熔焊

熔焊是在焊接过程中将工件接口加热至熔化状态，不加压力完成焊接的方法。熔焊时，热源将待焊两工件接口处迅速加热熔化，形成熔池。熔池随热源向前移动，冷却后形成连续焊缝而将两工件连接成一体。如焊条电弧焊、埋弧焊、气体保护焊等。

2. 压焊

压焊是在加压条件下，使两工件在固态下实现原子间结合，又称固态焊接。常用的压焊工艺是电阻焊、摩擦焊等。电阻焊电流通过两工件的连接端时，该处因电阻很大而温度上升，当加热至塑性状态时，在轴向压力作用下连接成一体。

3. 钎焊

钎焊是使用比工件熔点低的金属材料作钎料，将工件和钎料加热到高于钎料熔点、低于工件熔点的温度，利用液态钎料润湿工件，填充接口间隙并与工件实现原子间的相互扩散，从而实现焊接的方法。钎焊过程被焊工件不熔化，塑性变形小，接头光滑美观，适合于焊接精密、复杂和由不同材料组成的构件。如蜂窝结构板、透平叶片、硬质合金刀具和印刷电路板等。

（四）常用的焊接方法

生产中常用的焊接方法有焊条电弧焊、埋弧焊、电渣焊、熔化极气体保护焊、钨极惰性气体保护焊、药芯焊丝电弧焊和等离子弧焊等。拟采用的焊接方法主要根据被焊钢种、接头厚度、焊缝位置和坡口形式以及对接头的质量要求等来选择，同时还应考虑该种焊接方法的效率和生产成本。本节主要介绍焊条电弧焊。

1. 焊条电弧焊

焊条电弧焊是用手工操作焊条进行焊接的电弧焊方法，简称手弧焊。它利用焊条和焊件之间建立起来的稳定燃烧的电弧，使焊条和焊件熔化，冷却后形成焊缝而获得牢固的焊接接头。焊条电弧焊系统如图4-2所示。

焊条电弧焊由于设备简单，使用灵活方便，适用性强而得到广泛应用，是应用最广泛的焊接方法之一。但焊条电弧焊生产效率较其他电弧焊低，焊接质量依赖于焊接材料、焊工技能。

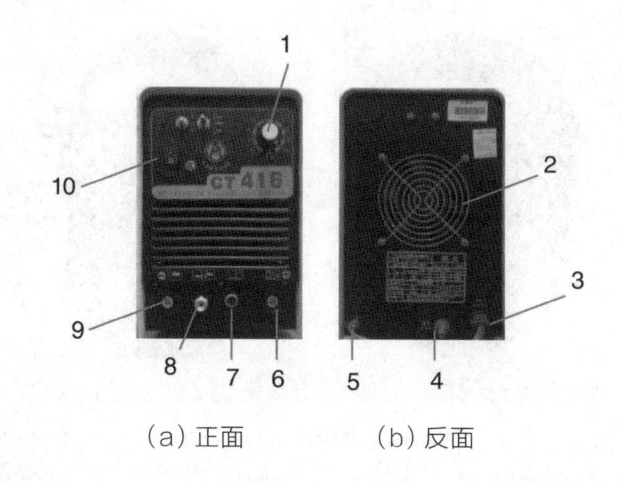

(a) 正面　　(b) 反面

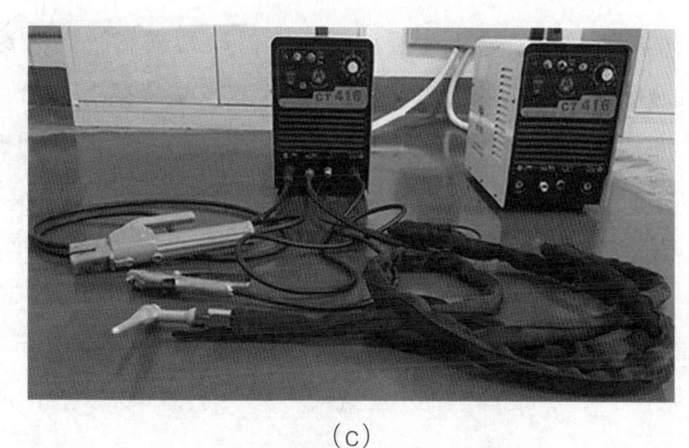

(c)

图4-2　焊条电弧焊系统

1—电流调节旋钮；2—散热风扇；3—电源线；4—进气口；5—接地线；
6—正极；7—气焊电源接口；8—出气口；9—负极；10—电源开关

（1）焊条电弧焊防护用品。

①面罩。面罩是用来保护面部、颈部的一种遮蔽工具，以防止焊接时的飞溅、弧光及熔池和焊件高温的灼伤。面罩上安装有减弱弧光和过滤红外线、紫外线功能的变光屏，面罩有手持式（盾式）和头戴式（盔式）两种，其中手持式较为常用。头戴式面罩如图4-3所示。

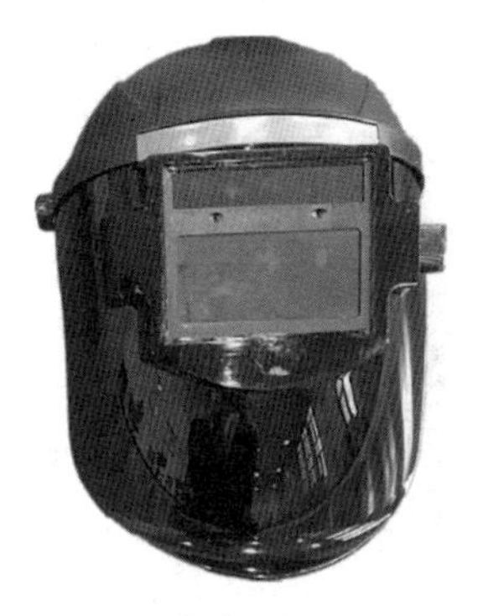
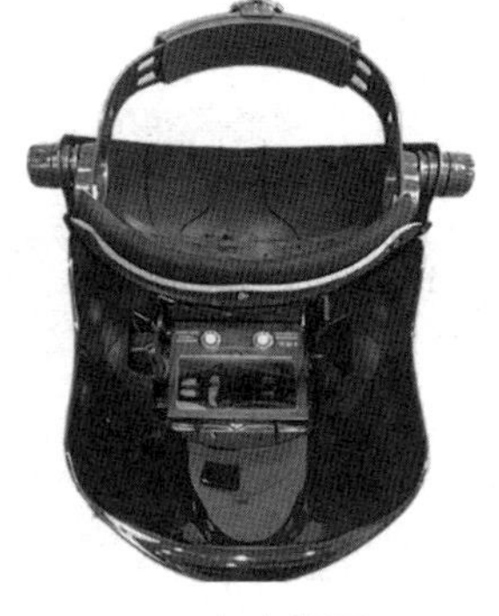
(a)正面　　　　(b)背面

图 4–3　焊接面罩(头戴式)

②防护服。防护服是为了防止在焊接过程中触电及被弧光或金属飞溅物灼伤人体。在穿着时应扣好纽扣,扣好袖口、领口、袋口,上衣不要束在裤腰内。

③焊工手套。焊工手套是保护焊工手臂和防止触电、烫伤的专用护具。工作中不要戴手套直接拿灼热焊件和焊条头,破损时应及时修补或更换。

④工作鞋。焊工工作鞋是用来防止脚部烫伤、触电的,应使用绝缘、抗热、不易燃、耐磨损、防滑的材料制作。

⑤口罩。口罩是用来减少吸入焊接烟尘、颗粒等危害物的防护用品。

⑥平光防护眼镜。在清理焊渣时,应佩戴平光防护眼镜,以防止清理时焊渣飞入眼镜。

(2) 焊条电弧焊设备及工具。

①交流弧焊机。交流弧焊机实质上是一种特殊的降压变压器,它将电网输入的交流电变成适宜于电弧焊的交流电,也就是将 220 V 或 380 V 的电源电压降到 60~80 V 以满足焊接引弧的需要。焊接时会降到电弧正常工作所需的电压(30~40 V),也可根据需要调节电流的大小。交流弧焊机的结构简单,工作噪声小,使用可靠,价格便宜,维修方便,应用面广,但电弧稳定性较差。

②直流弧焊机。常用的直流弧焊机有焊接发电机、弧焊整流器、弧焊逆变器三种。其中焊接发电机因技术原因,正逐渐被淘汰。焊接整流器因其结构简单,维修方便,稳弧性能好,噪声小,正在逐步取代焊接发电机。弧焊逆变器是近几年发展起来的焊接电源,它具有体积小,重量轻,节约材料,高效节能,适应性强等优点。

③焊钳。焊钳是用来夹持焊条并传导焊接电流以进行焊接的工具,如图 4–4 所示。

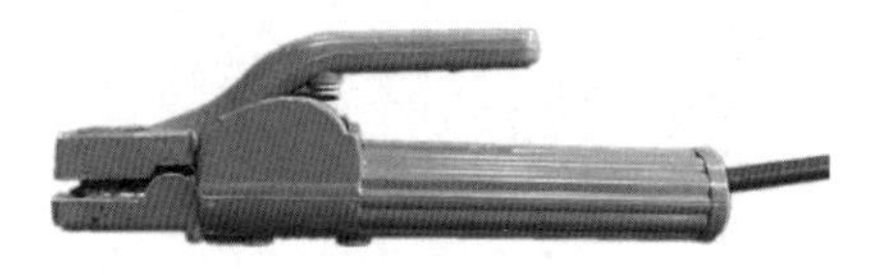

图 4–4　电焊钳

④焊接电缆。焊接电缆是连接焊接电源和焊钳、焊件的导线，由多股铜线电缆组成，其作用是传导焊接电流。

⑤焊条保温筒。焊条保温筒是焊接操作现场中主要的一种保温辅助工具，将已烘干的焊条放在保温筒内可持续保持焊条的干燥度，其内部工作温度一般为150~200 ℃，如图4-5所示。

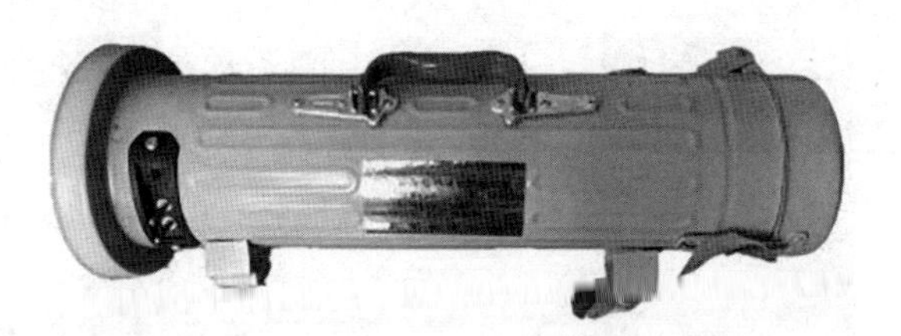

图4-5 焊条保温筒

⑥角向磨光机。角向磨光机简称角磨机，是用来修磨焊缝的一种专用工具，也可用来除锈，如图4-6所示。在使用时，不能戴手套，必须戴护目镜。

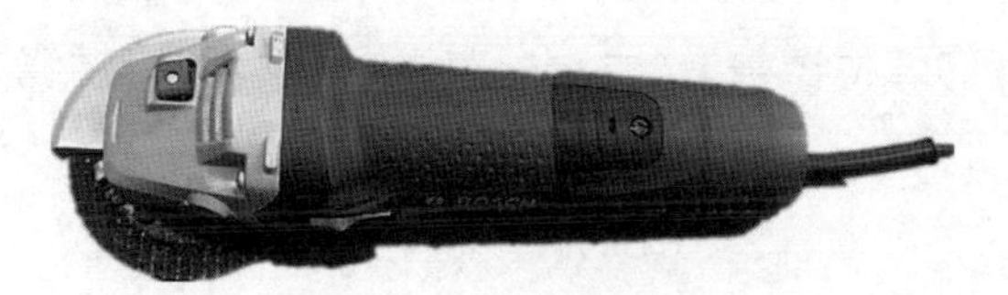

图4-6 角向磨光机

(3)焊条。

①焊条的组成。焊条主要由焊芯和药皮两部分组成。焊芯除了传导焊接电流，产生电弧外，还可以充当填充金属与熔化的母材熔合形成焊缝。药皮是为了便于焊接操作，以及保证熔敷金属具有一定的成分和性能。焊条上没有药皮的一端是夹持端，夹持时可以导电，另一端的药皮磨有倒角，以便于引弧，如图4-7。

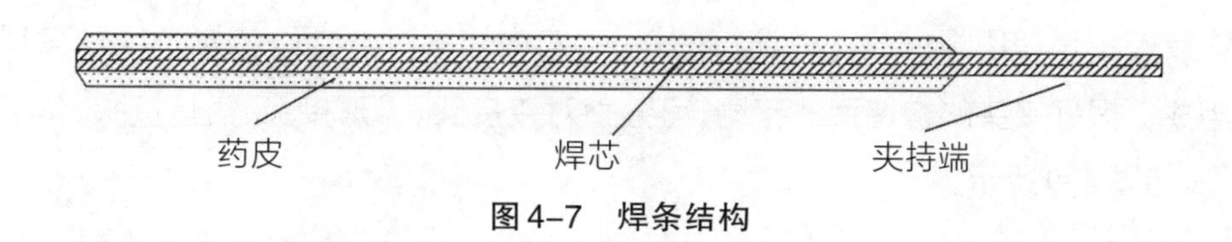

图4-7 焊条结构

②焊条的分类。焊条按其药皮组成不同可分为酸性焊条和碱性焊条两类。酸性焊条电弧柔软，飞溅小，熔渣流动性和覆盖性均好，因此焊缝外表美观，焊波细密，成型平滑。碱性焊条的熔滴过渡是短路过渡，电弧不够稳定，熔渣的覆盖性差，焊缝形状凸起，且焊缝外观波纹粗糙，但在向上立焊时容易操作。

③焊条的型号表示。焊条型号是国家标准中规定的焊条代号。以不锈钢焊条为例，GB/T 983-2012规定，不锈钢焊条型号由四部分组成，其含义如下：

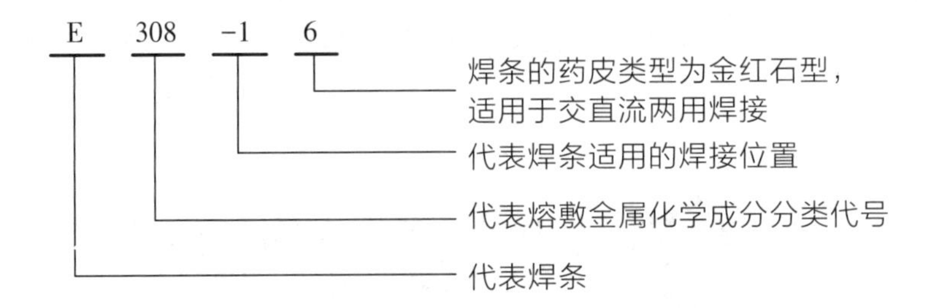

2. 焊接工艺

(1)焊接位置。

焊接位置是指熔焊时焊件接缝所处的空间位置。基本焊接位置有平焊、横焊、立焊、仰焊，如图4-8所示。平焊操作方便，焊缝成型条件好，容易获得优质焊缝并具有很高的生产率，是最合适的位置。在其他三种位置进行焊接时，焊工操作较平焊困难，受熔池液态金属重力的影响，需要对焊接规范控制，并采取一定的操作方法才能保证焊缝成型。其中焊接条件仰焊位置最差，立焊、横焊次之。因此，焊缝应尽可能安排在平焊位置进行施焊。

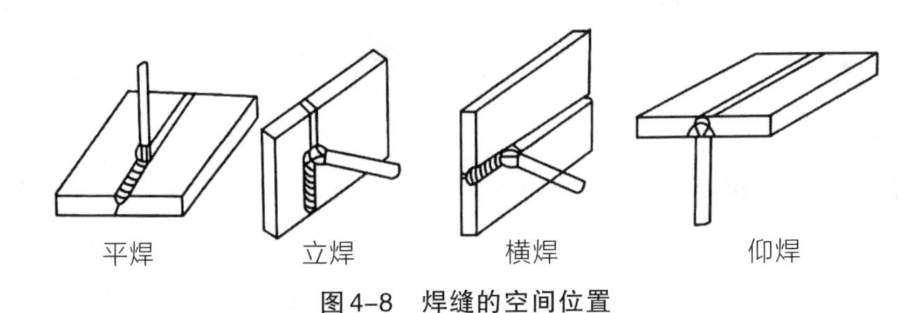

图4-8 焊缝的空间位置

(2)焊接接头形式和焊接坡口形式。

焊接接头是指用焊接的方法连接的接头，它由焊缝、熔合区、热影响区及其邻近的母材组成。根据接头的构造形式不同，可分为对接接头、T形接头、搭接接头、角接接头等类型，如图4-9所示。

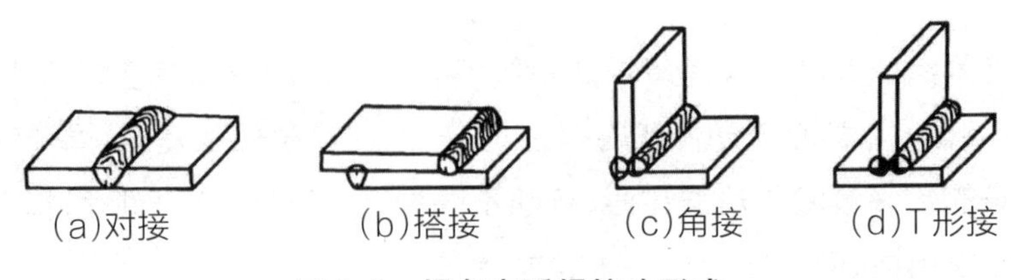

图4-9 焊条电弧焊接头形式

坡口是指加工焊件的待焊部位并组对成一定几何形状的沟槽，其目的在于保证接头根部焊透，并获得良好的焊缝成型。焊接坡口的形式如图4-10所示。

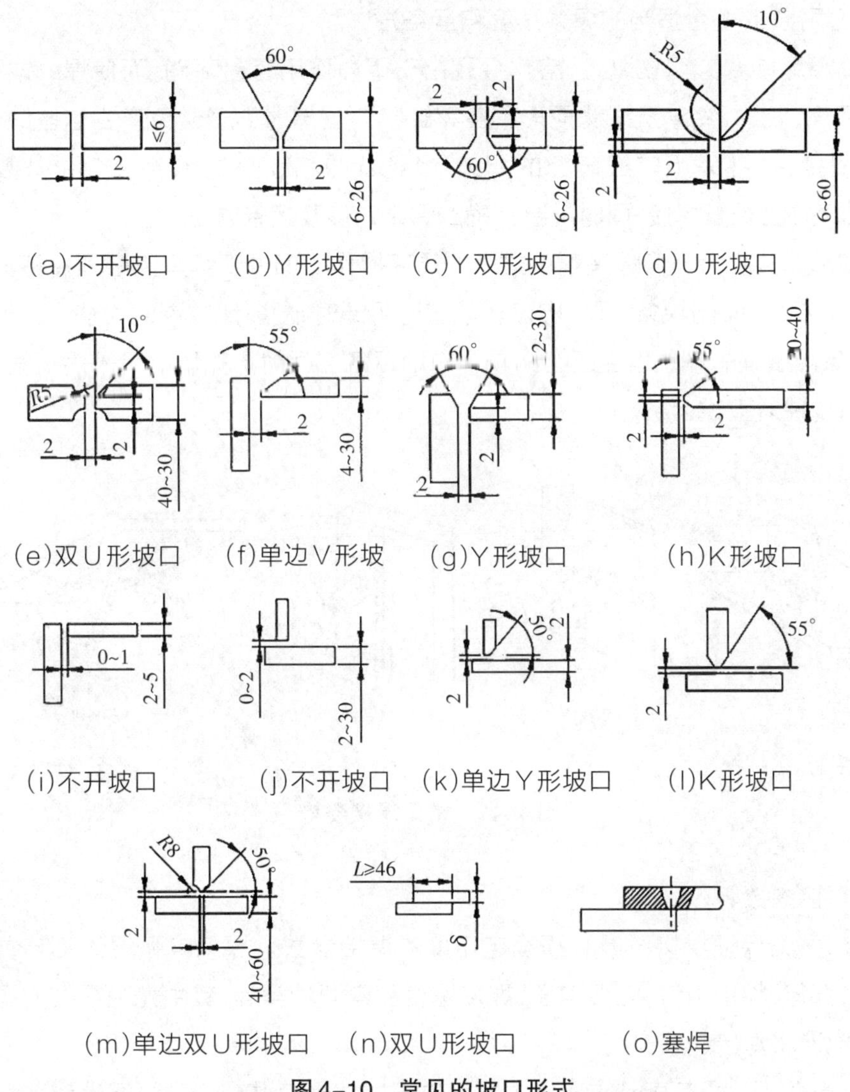

(a)不开坡口　(b)Y形坡口　(c)Y双形坡口　(d)U形坡口

(e)双U形坡口　(f)单边V形坡　(g)Y形坡口　(h)K形坡口

(i)不开坡口　(j)不开坡口　(k)单边Y形坡口　(l)K形坡口

(m)单边双U形坡口　(n)双U形坡口　(o)塞焊

图4-10　常见的坡口形式

(3)焊接的姿势。

正确的焊接姿势对焊出好的焊道有着很大影响，如图4-11所示。

①平焊焊接姿势。在平焊位置上进行焊接是焊接施工最理想的位置，采用平焊位置焊接时，熔滴靠自重过渡，操作技术容易掌握，生产效率高。因此，在焊接施工时应尽可能调整焊件处于平焊位置进行焊接。

②横向焊接姿势。横向焊接时，熔化金属由于重力作用容易下淌，而使上侧产生咬边，下侧产生焊瘤以及未焊透等缺陷。因此，横向焊接时宜采用小直径焊条、适当的电流和短弧焊接，并配合适当的焊条角度和运条方法。

③立焊焊接姿势。立焊时，熔化金属由于重力作用容易下淌，而使焊缝成型困难，易产生焊瘤、咬边、夹渣及焊缝成形不良等缺陷。立焊时为了避免产生这些缺陷，以提高焊接质量，往往采用较细直径的焊条(∅≤4 mm)和较小的电流(比平焊时小15%~20%)，由下往上短弧焊接，同时配合正确的焊条角度及运条方法。

④仰焊焊接姿势。仰焊是难度最大的焊接操作。仰焊姿势焊接必须保持最短的弧长，宜选用∅≤4 mm的焊条，焊接电流一般应比平焊时小些，比立焊时大些。在焊接过程中，除了保持正确的焊条角度还应比较均匀地运条。间隙小的焊缝可采用直线型运条，间隙大时用往复直线运条方法。

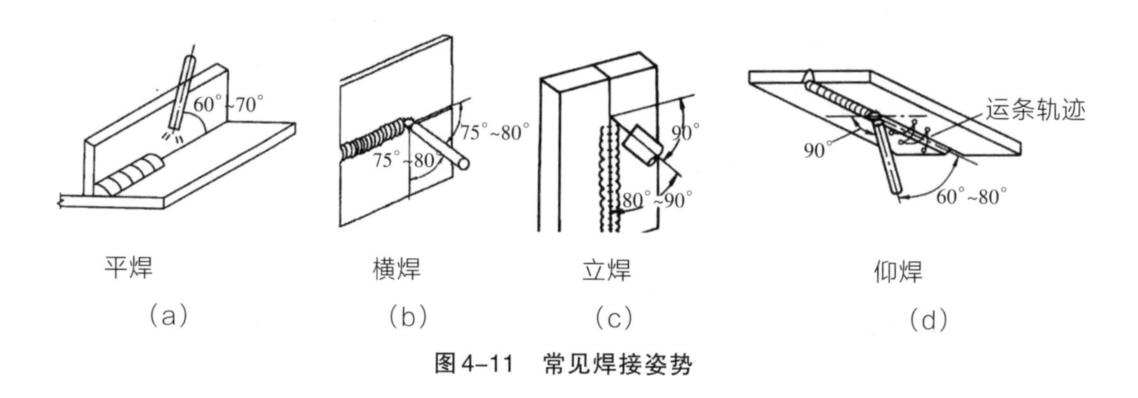

图4-11 常见焊接姿势

(4)焊接参数。

焊接时，为保证焊接质量必须确定正确的焊接参数。焊条电弧焊的工艺参数主要包括焊条直径、焊接电流、电弧电压、焊接速度和电源种类等，其中尤为重要的是焊条直径、焊接电流和焊接速度。

①焊条直径。焊条直径的选择主要取决于焊件厚度、接头形式、焊缝位置和焊接层次等因素。一般情况下，可根据焊件厚度选择焊条直径，并倾向于选择较大直径的焊条。另外，相同的板厚由于焊缝位置的不同所选焊条直径也有区别；开坡口多层焊接时，第一层焊缝宜采用直径较小的焊条，一般为2.5 mm或3.2 mm焊条。

②焊接电流。可根据焊条直径选择，一般按下列经验公式选用：

$$I = Kd$$

式中，I为焊接电流(A)；d为焊条直径(mm)；K为经验系数，$K = 30 \sim 55$。对于酸性焊条、粗焊条、平焊，K值应选大些。焊接电流是否合适，可通过试焊和观察焊条的熔化情况以及焊缝成型情况进行调整和确定，一般预设电流在30~280 A之间。

③电弧电压。电弧电压由电弧长度决定。电弧越长，电弧电压越高，电弧燃烧不稳定，熔深减小，飞溅增加，易产生焊接缺陷；电弧越短，电弧电压越低，对保证焊接质量越有利。在选择电弧电压时，当电流$I < 200$ A时，$U = (14 + 0.05I) \pm 2$ V；当电流$I > 200$ A时，$U = (16 + 0.05I) \pm 2$V，一般预设电压在15~48 V之间。

④焊接速度。指单位时间内完成的焊缝长度，焊接的速度取决于焊接电流的大小。在相同焊接电流下，焊接速度的大小与焊道厚度成反比。

⑤焊接电源种类和极性的选择。手工电弧焊中，对于酸性焊条来说，可采用交流也可采用直流。采用直流电源时，焊接厚板一般采用正接。因为阳极区温度比阴极区高，可以获得较大的熔深；焊接薄板时，采用直流反接，可防止烧穿焊件；堆焊时，采用反接来增加焊条的熔化速度，减小母材的熔深。对于碱性焊条（低氢钠型焊条）采用直流反接，电弧燃烧稳定，飞溅少，而且焊接时声音较平静均匀。

⑥焊缝层数。焊缝层数视焊件厚度而定。中、厚板一般都采用多层焊。焊缝层数越多越有利于提高焊缝金属的塑性、韧性。对质量要求较高的焊件，每层厚度最好不大于5 mm。图4-12所示为多层焊的焊缝及焊接顺序。焊接层数主要根据钢板厚度、焊条直径、坡口形式和装配间隙等来确定，可做如下近似估算：

$$n = \delta/d$$

式中，n为焊接层数；δ为工件厚度；d为焊条直径（mm）。

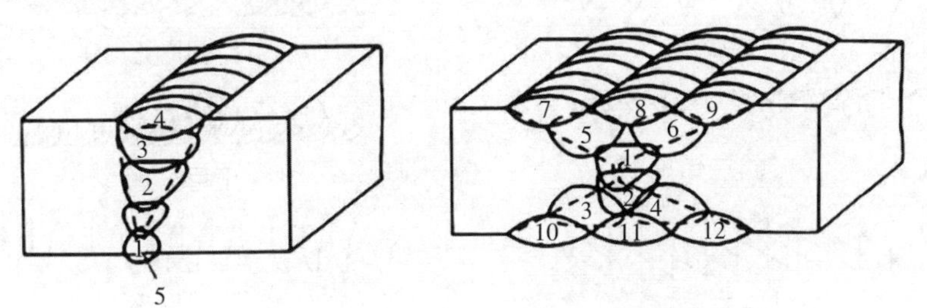

图4-12　多层焊接的焊缝及焊接顺序

3. 焊条电弧焊接基本操作技术

（1）引弧。引弧使焊条和焊件之间产生稳定的电弧。引弧时，使焊条末端与焊件表面相接触形成短路，利用短路产生高温，然后迅速将焊条向上提起2~5 mm的距离，即可引燃电弧。引弧方法有两种，即敲击法和划擦法，如图4-13所示。

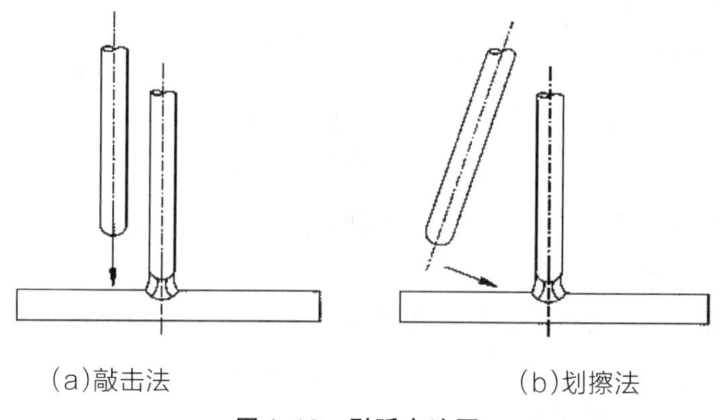

图4-13　引弧方法图

(2)运条。焊接过程中，焊条相对焊缝所做的各种动作的总称为运条。运条包括沿焊条轴线的送进、沿焊缝轴线方向纵向移动和横向摆动三个动作。常用的运条路线如图4-14所示。

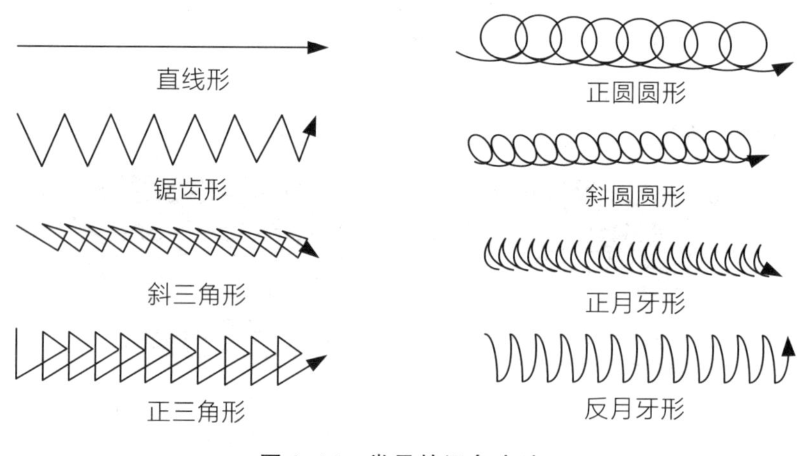

图4-14　常见的运条方法

(3)焊缝收尾。焊缝的收尾是指一条焊缝焊完时的熄弧方法，其要求是在收尾处不能出现明显的弧坑。如果收尾时立即拉断电弧，则会形成低于焊件表面的弧坑，造成焊接缺陷。为了避免焊缝收尾时出现较深的弧坑情况，一般采用画圈收尾法、反复断弧收尾法和回焊收尾法。

(五)焊接质量缺陷分析及预防措施

1. 焊接缺陷及其成因分析

焊接过程中，在焊接接头中产生的金属不连续、不致密或连接不良的现象，叫作焊接缺陷。焊接缺陷的种类很多，肉眼可见缺陷有焊瘤、咬边、凹坑、烧伤、错边等，肉眼不可见的有未熔合、未焊透、气孔、夹渣、白点等，如图4-15所示。焊接缺陷的存在，不仅严重削弱焊接接头的强度，降低焊接结构的使用性能，缩短焊件的使用寿命，而且有时还会带来灾难性事故。因此，有必要了解焊接缺陷的产生原因，并掌握其防治措施。

（1）裂纹。裂纹是在焊接应力及其他致脆因素共同作用下，焊接接头中局部地区的金属原子结合力遭到破坏而形成的新界面所产生的缝隙。裂纹影响焊接件的安全使用，是一种非常危险的工艺缺陷。

（2）焊瘤。焊接过程中熔化的金属流溢到加热不足的母材或焊缝上，凝固成金属瘤，这种未能和母材或前道焊缝熔合在一起而堆积的金属瘤叫焊瘤。焊瘤处易产生应力集中，影响整个焊缝的外观质量和焊接质量。

（3）气孔。气孔是指焊接熔池中的气体来不及逸出而停留在焊缝中形成的孔穴。气孔产生的因素较多，比如焊件不干净，焊条潮湿，电弧过长，焊速过快，电流太小等情况下都会产生气孔。它的存在会使焊缝截面减小，内部组织疏松，应力集中，导致结构破坏、诱发裂纹等缺陷。预防措施是要求焊条烘干，清理坡口和母料的油污、锈迹，选择适当的电流和焊接速度。

（4）夹渣。夹渣是指焊接中残留在焊缝中的熔渣。一般是由于被焊件焊前清理不干净，焊接材料化学成分不对，焊接速度过快，电流过小，操作不当等原因引起的。它的危害影响了焊缝金属的致密性及连贯性，也易引起应力集中。

（5）咬边。咬边是指沿焊趾的母材部位产生的沟槽或凹陷。主要是由于焊接电流过大电弧拉长、运条不稳、焊条角度不对引起的。咬边最大的危害是损伤母材，使母材有效截面减小，也会引起应力集中。

（6）未焊透。未焊透指母材金属未熔化，焊缝金属没有进入接头根部的现象。产生未焊透缺陷的主要因素有：焊接电流过小，电弧过短或过长，焊接速度过快，坡口角度小，钝边太厚，缝隙过窄，焊条直径选择不当等。其存在会导致焊缝的有效截面减小，降低焊缝强度，在主应力作用下易扩展成裂纹造成构件破坏。

（7）烧穿。烧穿是指部分熔化金属从焊缝背面漏出形成通洞。烧穿是由于焊接电流或火焰能率太高，焊接速度过慢，火焰或电流在焊缝某处停留时间过长，或间隙太大、钝边太小等原因造成的。

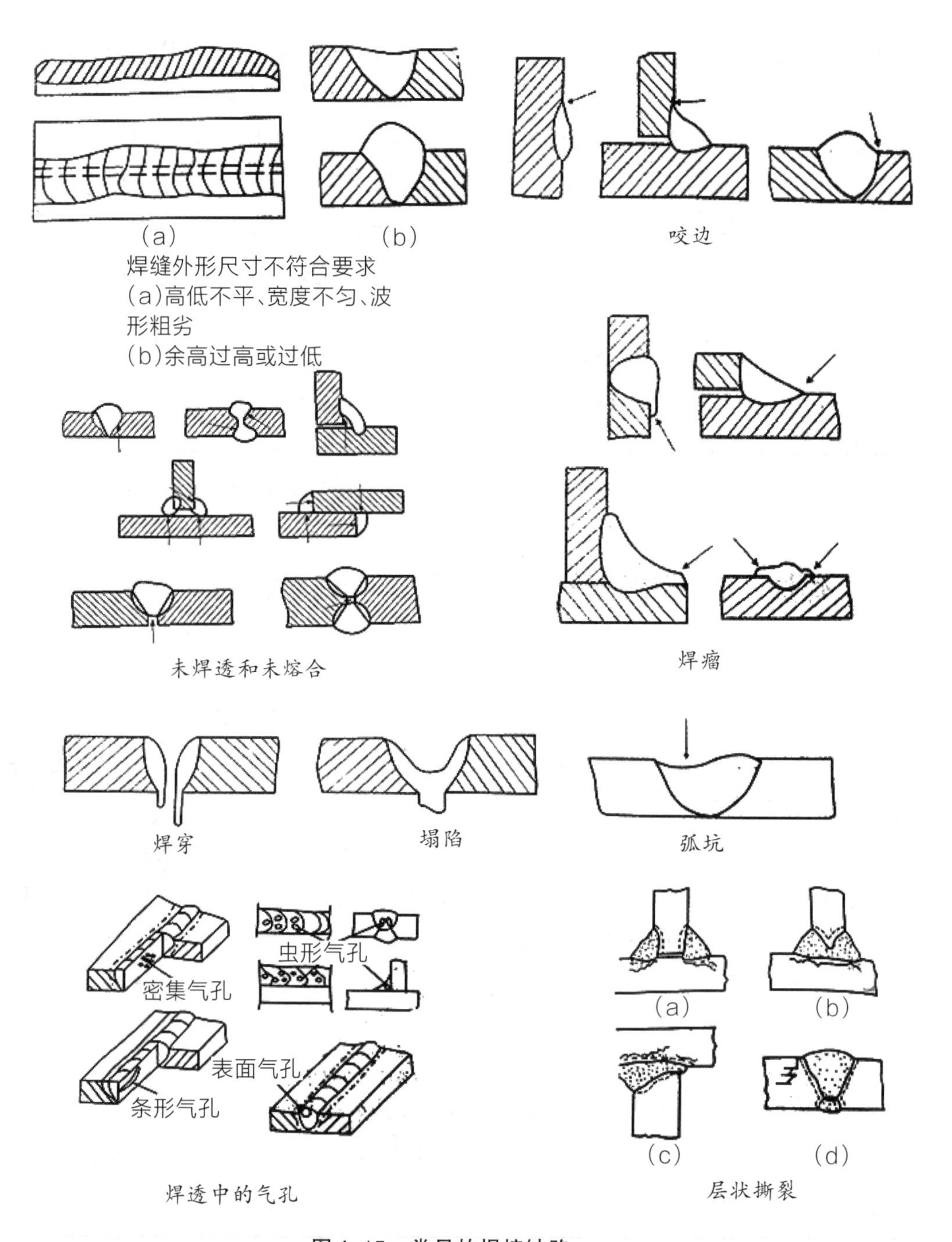

图4–15　常见的焊接缺陷

2. 焊接变形

焊接时，焊件局部受热，温度分布极不均匀，焊缝及其附近的金属被加热到高温时，受周围温度较低的金属所限制，不能自由膨胀，因此，冷却以后就要发生收缩，引起整个工件的变形，同时在工件内部产生焊接残余应力，金属构件在焊接以后，总要发生变形和产生焊接应力，且二者是彼此伴生的。焊接变形如图4-16所示。

常见的焊接变形有收缩变形、角变形、弯曲变形、扭曲变形和波浪变形等几种形式，如收缩变形是由于焊缝金属沿纵向和横向的焊后收缩而引起的；角变形是由于焊缝截面上下不对称，焊后沿横向上下收缩不均匀而引起的；弯曲变形是由于焊缝布置不对称，焊缝较集中的侧纵向收缩较大而引起的；扭曲变形常常是由于焊接顺序不合理而引起的；波浪变形则是由于薄板焊接后焊缝收缩时，产生较大的收缩应力，使焊件丧失稳定性而引起的。

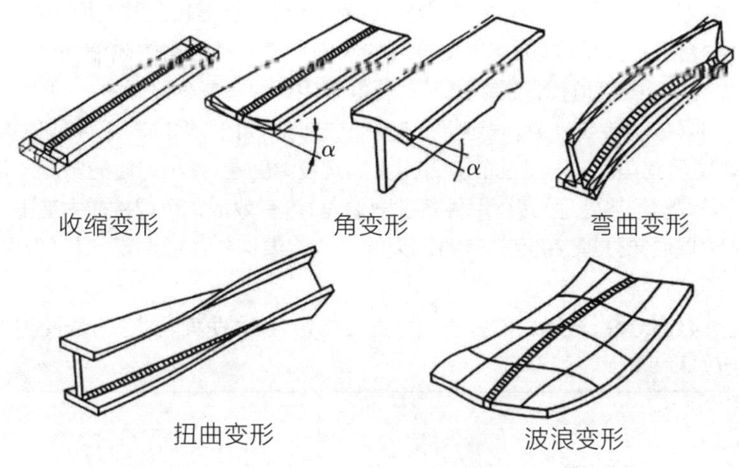

图4-16　常见的焊接变形

3. 焊接缺陷预防措施

焊接缺陷的产生是由不合理的焊接参数、焊接方法、焊接工艺等引起的，其危害性极大，在生产中应当尽量减少焊接缺陷的产生，主要预防措施见表4-1。

表4-1　焊接缺陷预防措施

焊接缺陷	预防措施
裂纹	针对构件焊接情况选取合理的焊接工艺、焊接方法、焊接速度、焊接顺序等，焊前预热
焊瘤	适当减小焊接电流，焊接时注意熔池的大小，以便调整焊接电流或焊接速度
气孔	焊前应烘干焊条，清理坡口及母料表面的油污、锈迹，使用合适的保护气体，要有挡风措施，选择适当的焊接电流及焊接速度
夹渣	严格清理母材坡口及附近的油污、氧化皮、熔渣等，采用合理焊接参数和坡口角度，运条稳定，注意观察熔池，防止焊缝金属冷却过快

续表

焊接缺陷	预防措施
咬边	焊接时调整好电流，不宜过大，控制弧长，尽量用短弧焊接，运条要稳，焊接速度不宜过快，应使熔化焊缝金属填满焊接坡口边缘
未焊透	正确确定坡口形式和装配间隙，清除坡口两侧的油污杂质，合理调整焊接电流。根据电流大小、焊件的厚度及焊接位置选择焊接速度，随时调整焊接角度。对于导热不良的焊件可在焊前预热或在焊接过程中用火焰加热
烧穿	电流不宜过大，焊枪位置要准确，选择合理的焊接速度，不宜过慢
焊接变形	(1)合理设计焊接结构，尽量减少焊缝及焊缝的长度和横截面积 (2)合理的焊接顺序，尽量使焊缝的纵向和横向都能自由收缩，避免交叉处过大产生裂纹，采用对称焊接减小变形，长缝采用跳焊法或分段焊法 (3)根据实验或计算，确定焊后变形的方向和大小，焊前将工件预先斜置或弯曲成等值反向角度，或刚性固定，采用夹具定位焊固定，减小焊后的角变形和波浪变形 (4)焊前预热处理，减少焊件各部分温差，可有效地减小焊接应力变形 (5)焊后热处理，采用去应力退火的方法将焊件整体或局部加热，保温一定时间后再缓慢冷却 (6)敲击焊缝，对焊后的金属部分进行均匀敲击，使其延伸变形同时释放能量，减小应力和变形

四、综合实训：平焊

(一)实训目的

正确运用焊道的起弧、运条、连接和收尾的方法，掌握焊条电弧焊平对焊、平角焊等基本操作。

(二)实训工具及材料

(1)焊机：交流焊机。

(2)工件：低碳钢板，200 mm×150 mm×5 mm。

(3)碳钢焊条：E4301，∅2.5 mm。

(4)辅助工具：钢丝刷、敲渣锤等。

(三)操作过程与要领

(1)认真阅读电弧焊实习安全操作规程，仔细观察老师操作示范讲解。

(2)准备工作。清理工件；在工件上画直线，并打冲眼作标记；工件平放，连接好接地线；平焊操作一般采用蹲姿，持焊钳的胳膊可有依托或无依托，电弧引燃后，操作者的视线从焊接电弧一侧呈 45°~70°视角观察焊接电弧和焊接熔池。

（3）启动焊机并调节电流。在距工件端部约 10 mm 处引弧，稍拉长电弧对起头预热，然后压低电弧（弧长≤焊条直径）并减小焊条与焊向夹角施焊。

（4）运条。正常焊接采用直线形运条，并仔细观察熔池状态，区分铁液和熔渣，根据熔池状态调整焊接速度。

（5）收弧。焊接过程中需更换焊条或停弧时，应缓慢拉长电弧至熄灭，防止出现弧坑。

（6）接头。清理原弧坑熔渣，在原弧坑前约 10 mm 处引弧，稍拉长电弧到原弧坑 2/3 处预热，压低电弧稍作停留，待原弧坑处熔合良好后，再进行正常焊接。

（7）收尾。采用反复断弧收尾法，快速给熔池 2~3 熔滴，填满弧坑熄弧。

（8）焊缝熔渣清理。用敲渣锤从焊缝侧面敲击熔渣使之脱落，焊缝两侧飞溅可用钢丝刷清理。

五、复习思考题

1. 焊接的实质是什么？
2. 什么是熔焊、压焊和钎焊？
3. 焊条电弧焊焊条由哪几部分组成？ 各部分有何作用？
4. 焊条电弧焊的焊接参数有哪些？ 如何选择？
5. 焊条电弧焊操作时，应如何引弧、运条和收尾？
6. 焊接变形有哪几种基本形式？ 有何危害？
7. 焊接缺陷的种类及预防措施有哪些？

课后拓展：

1. 学习榜样人物事迹：发动机焊接第一人高凤林，并撰写学习心得体会；
2. 了解焊接技术未来发展方向，增加行业认同感。

项目五 铸造实训

一、实训目的和要求

（1）了解铸造生产的基本工艺过程、特点及应用。

（2）了解砂型、芯型等造型材料的性能、组成及制备过程。

（3）了解铸件主要缺陷的产生原因，初步建立铸造工艺性的概念。

（4）了解选择铸造方法及造型方法的基本原则。

（5）熟悉砂型铸造方法的产生过程和技术特性。

（6）结合实践，让学生掌握手工两箱造型（整模、分模）的工艺过程、特点和应用。

（7）了解铸件广泛使用的原因，能简述铸造发展的历史，以及铸造在国民经济中的重要地位。

二、安全操作规程

（1）操作人员必须按规定穿戴好劳保用品，操作时要穿好工作服、工作鞋，戴好安全帽、手套等。

（2）铸造时设备要完好，操作灵敏，安全防护装置齐全可靠，除尘装置符合要求。

（3）熔炉和浇包等必须烘干。挡渣用的铁棍一定要预热，防止爆炸。

（4）铸件、托板、砂箱放置要稳固、整齐，防止倒塌伤人。

（5）工作场地要经常保持干净，砂箱和砂子要放在规定的区域内。

（6）造型时，不要用嘴吹砂，以免沙粒飞入眼内。搬动或翻转砂箱时，要用力均匀，小心轻放，不要压伤手。

（7）浇注时，必须清理浇注的行进通道，预防意外跌撞。浇包内的金属不宜过满，以防金属液体外溢伤人。

（8）不要用手脚去接触尚未冷却的铸件，不要对着人敲打浇冒口或錾去毛刺。

（9）浇注完毕后要全面检查，清理场地，并熄灭火源。

三、铸造实训概述

(一)铸造概念

铸造是指制造铸型、熔炼金属,并将熔融金属浇入铸型,凝固后获得一定形状、尺寸和性能的金属零件或毛坯的液态成形方法,是机械工业生产中用来制造毛坯和零件的重要方法。其浇注和铸件示意图如图5–1所示。

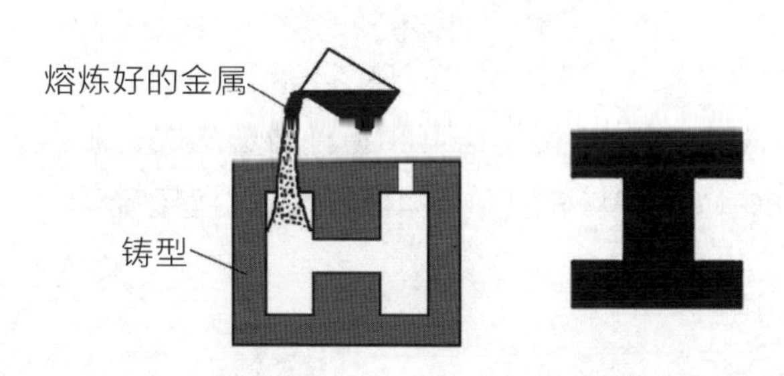

图5–1 浇注和铸造件示意图

铸造是金属成型的一种最主要的方法,其常用来制造毛坯形状或大型的工件、承受静载荷及压应力的机械零件,如箱体床身、机座、支架、箱体等。铸造工件实例如图5–2所示。

图5–2 铸造工件实例

在现代社会,作为汽车、石化、钢铁、电力、装备制造等支柱产业的基础,铸造是制造业的重要组成部分。在各种机械和设备中,铸件占有很大的比例。农业机械中铸件达40%~70%,切削机床及内燃机中达70%~80%,在重型机械设备中则高达90%。在冶金、矿山、电站等重大设备中都有大型铸件,铸件的质量直接影响着整机的质量和性能。

(二)铸造工艺的特点

(1)适用范围广。铸造几乎不受形状复杂程度、尺寸大小、生产批量的限制。产品的适应性广、工艺灵活性大,工业上常用的金属材料均可用来进行铸造,铸件质量的范围可以由几克到几百吨。

（2）良好的经济性。铸件的形状和尺寸与零件很接近，所以节省了机械加工工时。其所用的原料大都来源广泛，价格低廉，并可直接利用废机件，因而成本较低。

（3）力学性能较差。由于铸造是液态成型工艺，因此铸件缺陷较多，如组织疏松、晶粒粗大、内部产生缩孔、缩松、气孔等缺陷，会导致铸件的力学性能特别是冲击韧度低，铸件质量不够稳定。

（4）劳动条件较差。工作环境粉尘多、温度高、劳动强度大，废料、废气、废水处理任务繁重。

（三）铸造的分类

按生产方法不同，铸造可分为砂型铸造和特种铸造两类。砂型铸造应用最为广泛，约占铸件总产量的80%以上，其铸型（砂型和型芯）是由型砂制作的。本项目主要介绍砂型铸造。

四、砂型铸造及其工艺

砂型铸造是指用型砂紧实成型后生产铸件的方法。其不受合金种类、铸件形状和尺寸的限制，在生产中应用最为广泛。砂型铸造操作灵活、设备简单、生产准备时间短等，适用于各种批量生产。砂型铸造的基本工艺过程如图5-3所示，其主要工序为配砂、制模、造芯、造型、浇注、落砂、打磨加工、检验等步骤。

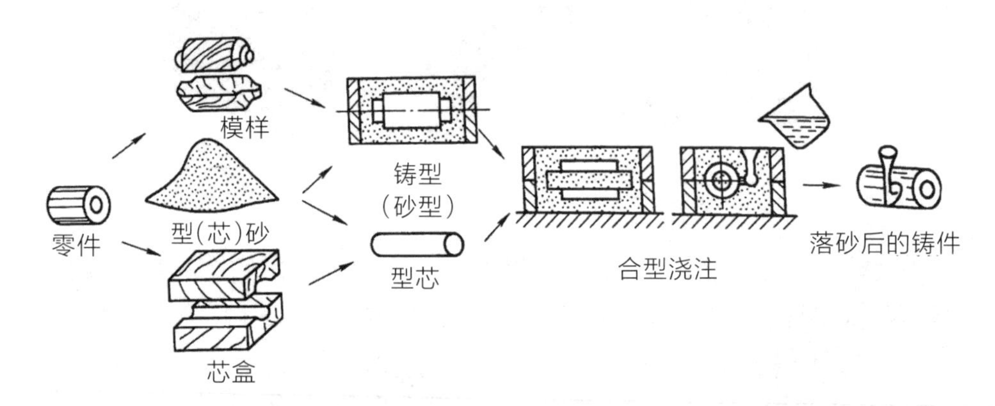

图5-3　砂型制造工艺过程

（一）造型材料

制造砂型和砂芯用的材料称为造型材料。其中，用于制造砂型的材料称为型砂，制造型芯的材料称为芯砂。

1. 型砂应具备的性能

型砂的质量直接影响铸件的质量，因此具备相应的性能才能生产出合格的产品。

（1）透气性：指型砂空隙通过气体的能力。浇注时，型腔内的空气及铸型产生的挥发气体要通过砂型逸出。透气性差、铸件易产生气孔和浇不足等缺陷。砂的粒度越细、黏土含量越高、水分含量越高、砂型紧实度越高，透气性越差。

（2）强度：型砂抵抗外力破坏的能力。型砂要具备足够高的强度才不易产生塌箱、冲砂、砂眼等缺陷，但强度也不宜太高，太高会使砂型过硬，透气性、退让性和落砂性变差。

（3）耐火性：砂型抵抗高温高热作用的能力。在高温液态金属作用下，不软化、不熔融和不粘结。型砂中 SiO_2 含量越高，砂型越大，耐火性越好。

（4）退让性：铸件冷凝时型砂被压缩的能力。型砂越紧实，退让性越差，会产生内应力引起变形或开裂。要提高退让性可在型砂中加入木屑物等。

（5）可塑性：型砂在外力作用下变形，去除外力后仍保持已有形状的能力。砂型可塑性好，造型操作方便，制成的砂型形状准确，轮廓也清晰。

2. 型砂的组成

型砂是由原料、黏结剂、水和少量的附加物组成。铸造中使用量最大的原砂是天然硅砂，硅砂的主要矿物成分是石英（SiO_2），并含有少量杂质。常用的黏结剂有普通黏土和膨润土两种。膨润土比普通黏土具有更强的黏结力。为了使普通黏土和膨润土发挥黏结作用，需加入适量的水。对于要求较高的芯砂，可采用特殊的黏结剂，如桐油或树脂等。

在型砂和芯砂中有时还要加入一些附加物。例如，在型砂中加入少量的煤粉，能防止铸件产生黏砂缺陷，使铸件表面光滑：在型砂和芯砂中加入木屑，可提高其退让性，减小铸件的内应力，防止铸件变形和开裂。

型砂和芯砂需要采用不同的原材料分别配制，不应混用。

3. 型砂的制备

型砂质量的好坏，取决于原材料的性质及配比和制备方法。目前工厂常采用碾轮式混砂机混砂，如图 5-4 所示。混砂时，将新砂、旧砂、黏结剂和辅助材料等按比例加入混砂机进行干混 2~3 min 后再加入水或液体黏结剂湿混 5~12 min 后出砂。为使水分渗透均匀，混完砂通常要放 3~8 h。然后进行松砂处理，提高通透性。

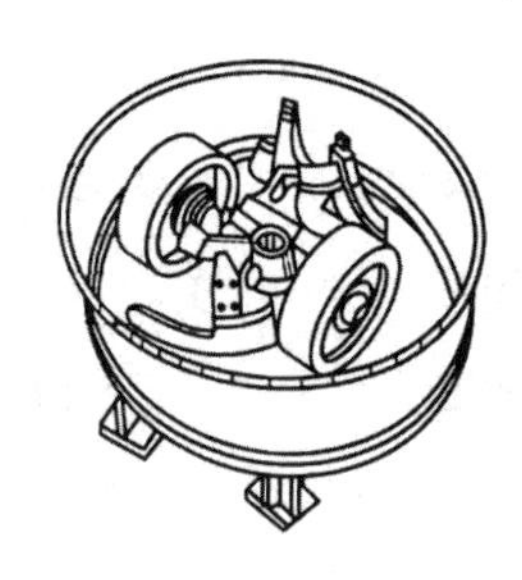

图 5-4　辗轮式混砂机

型砂混制处理完后要对其进行性能检测，在缺少性能检测仪器情况下，可用手捏法粗略判断。手捏后成砂团，表明湿度适当；松开手后砂团表面可见清晰手印，表明成型性好；用双手掰断砂团，可见断裂处无型砂碎裂，同时有足够的强度表明性能良好。

（二）造型

用型砂及模样等工艺装备制造铸型的过程称为造型，分为手工造型和机器造型。

1. 手工造型

手工造型是手工或工具紧实型砂的方法。常用的工具和辅助工具如图 5-5 所示，具体用途见表 5-1。常用的手工造型方法有整模造型、分模造型、挖沙造型、活块造型、刮板造型及三箱造型等。

表 5-1　手工造型常用工具的名称及作用

名称	作用
底板	放置模样和砂箱，尺寸大小根据模样和砂箱而定
铁铲	用于拌匀、松散型砂和往砂箱内填砂
舂砂锤	两嘴形状不同，尖头用于砂箱内及模样周围型砂紧实，平头用于砂箱顶部型砂紧实
通气针	用于在砂型适当位置扎出通气孔，以利于排出型腔中的气体
起模针、起模钉	用于从砂型中取出模
压勺、双头压力	用于修整砂型型腔的曲面
掸笔	用于扫除模样上的分型砂，对型腔和砂芯表面涂刷涂料，也用来湿润模样边缘的型砂，以便起模和修型
排笔	用于较大砂型（芯）表面刷涂料，或清扫砂型上的灰砂
皮老虎	又称为手风箱，用于吹去散落在型腔内的型砂，使用时不能用力过猛或碰到砂型，以免损害砂型
镘刀	又称为砂刀，有平头、圆头、尖头等，用于修整砂型表面或在砂型表面开挖沟槽

续表

名称	作用
提钩	又称为砂钩，用于修整砂型型腔的底面和侧面，以及清理散砂
刮板	用于型砂紧实后刮平砂箱顶面的型砂和型砂大平面
半圆刀	用于修整砂型型腔的圆弧内壁和型腔内圆角
筛子	用于型砂的筛分和松散，小筛子用于筛撒面砂

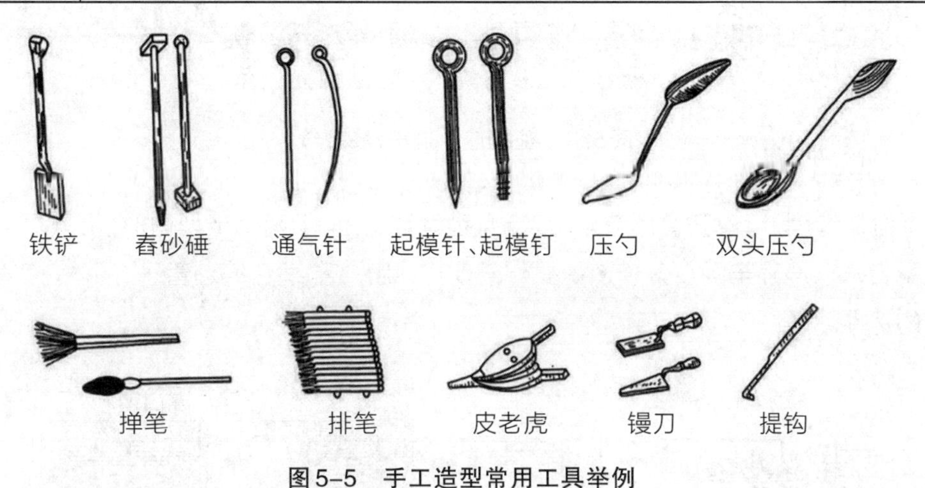

图 5–5　手工造型常用工具举例

（1）手工造型辅助工具。

①砂箱。砂箱是铸件生产的基本工艺装备之一，作用是形成一个封闭空间来容纳和紧固型砂。根据铸件的尺寸大小、形状结构来制造和选用砂箱。砂箱可分为木质砂箱和铁质砂箱；按砂箱的制造方法可分为整铸式、焊接式和装配式。

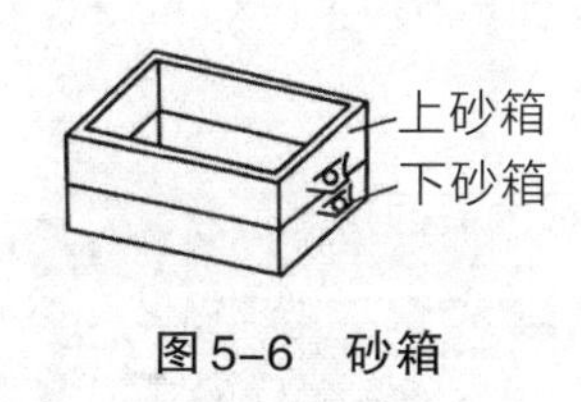

图 5–6　砂箱

②模样。模样是根据零件外形制作，以在造型中形成铸型型腔的工艺装备。按组合的不同，模样分为分开模和整形模；按材料的不同，模样分为木模样和金属模样。木模样质量轻、价廉、易于加工，但强度和硬度较低，容易变形和损坏，常用于小批量生产单件；金属模样强度高、尺寸精确、表面光洁、寿命长，但制造困难、成本高，生产周期长，常用于机器造型和大批量生产。

（2）手工造型工艺方法。

①整模造型：特点是操作简单、所得型腔形状和尺寸精确，模样为整体结构，外形轮

廓简单，最大截面在模样一端，适用于简单形状的铸件，如盘、盖类。

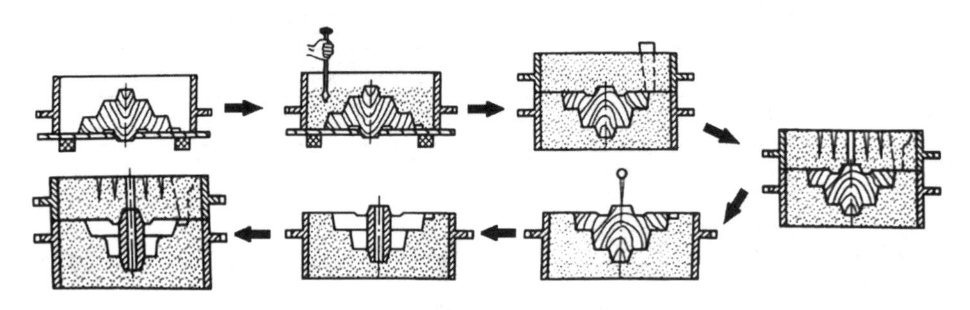

图 5-7　整模造型过程（联轴节）

②分模造型：用分开模样造型，其特点是型腔由上、下两个半型构成，所以两半型的定位配合必须准确牢固。分模造型操作简便、应用广泛，适合铸造管子、阀体、箱体等有孔腔的铸件。

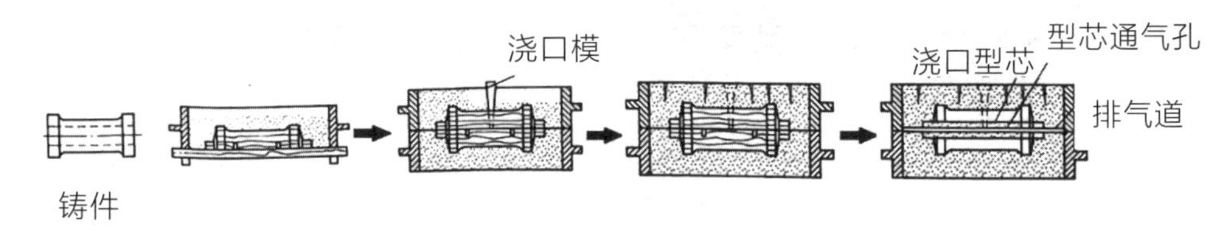

图 5-8　分模造型过程（套筒）

③挖沙造型：整体模样造型时需要将妨碍起模的型砂挖掉，以模样的最大截面处作为分型面，这种造型方法称为挖砂造型。挖砂造型适用于铸件的最大截面不在端部的单件或小批量生产。挖砂造型操作麻烦，生产效率低。

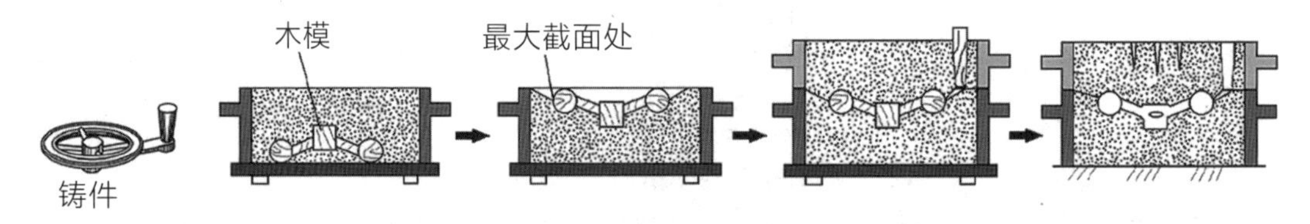

图 5-9　挖砂造型过程（手轮）

④活块造型：活块造型是将整体模样或芯盒侧面的伸出部分做成活块，起模或脱芯后，再将活块取出的造型方法。活块造型操作难度较大，取出活块要花费工时，活块部分的砂型损坏后修补较困难，故生产率低，且要求工人的操作水平高。活块造型通常只适用于单件、小批量生产。

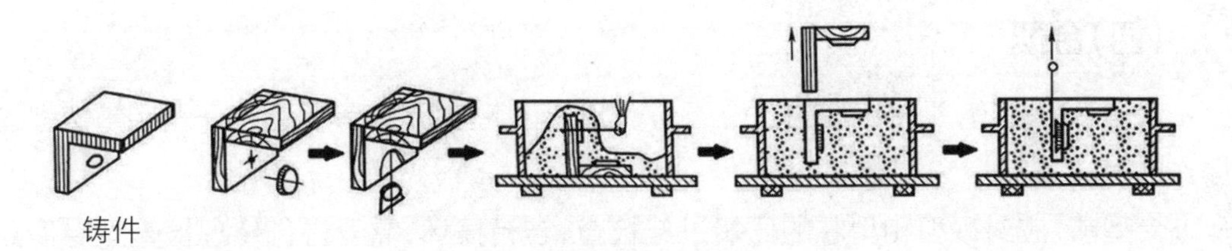

图 5-10　活块造型过程

2. 机器造型

机器造型的实质就是用机器代替人完成紧砂和起模等工序，是现代化铸造车间的基本造型方法。机器造型可以降低劳动强度，提高生产效率，保证铸件质量，适用于批量铸件的生产。

机器造型常用的紧实型砂的方式有震击紧实、压实紧实、抛砂紧实、射砂紧实、气冲造型等，其中震压紧实方法应用最广。

（三）制芯

为获得铸件的内腔或局部外形，用芯砂或其他材料制成的、安放在型腔内部的铸型组元称为型芯。绝大部分型芯是用芯砂制成。砂芯的质量主要依靠配制合格的芯砂以及采用正确的制芯工艺来保证。在单件、小批量生产中，多采用手工制芯；在大批量生产中，则采用机器制芯。

制芯所用的芯砂应比型砂的综合性能更好。对于形状复杂、重要的型芯，常采用油砂或树脂砂。此外，为了加强型芯的强度，在型芯中应放置芯骨。小型芯的芯骨用钢丝制成，大、中型芯的芯骨用铸铁铸成。为了提高型芯的通气能力，在型芯中应开设排气道。为了避免铸件产生黏砂缺陷，在型芯表面往往需要刷涂料，铸铁件型芯常采用石墨涂料，铸钢件型芯常采用硅石粉涂料。重要的型芯都需要烘干，来增强型芯的强度和透气性。用芯盒制芯是最常用的制芯方法，图 5-11 所示为用芯盒制芯的过程。

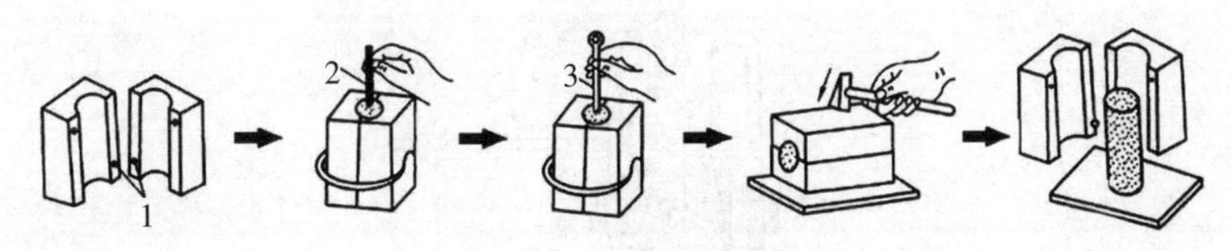

图 5-11　芯盒制芯过程

(四)合型

合型又称合箱，是将铸型的各个组元，如上型、下型、浇口等组合成一个完整铸型的操作过程。

合型前，应对砂型和型芯的质量进行检查，若有损坏，需要进行修理检查型腔顶面与型芯顶面之间的距离，需要进行试合型(又称为验型)。合型时，要保证铸型型腔几何形状和尺寸的准确及型芯的稳固。合型后，上、下型应夹紧或在铸型上放置压铁，以防浇注时上型被熔融金属顶起，造成抬箱、射箱(熔融金属流出箱外)或跑火(着火气体逸出箱外)等事故。

(五)铸铁的熔炼与浇注

1. 铸铁熔炼

铸铁熔炼是将金属料、辅料入炉加热，熔化成铁液，为铸造生产提供预定成分和温度、非金属夹杂物和气体含量少的优质铁液的过程，它是决定铸件质量的关键工序之一。铸铁熔炼的设备有冲天炉、感应电炉、电弧炉等多种。其中，冲天炉应用最为广泛，它的特点是结构简单、操作方便、生产率高、成本低，并且可以连续生产。图5-12所示为冲天炉的结构简图，它由支承部分、炉体、前炉、送风系统和炉顶五部分组成。

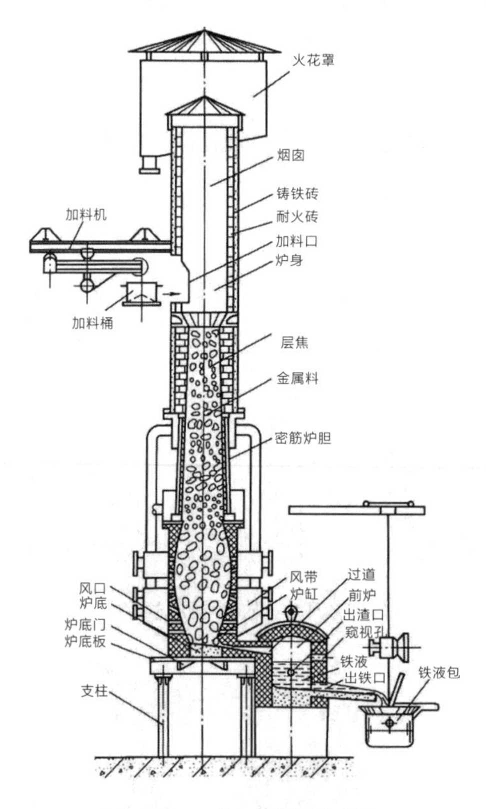

图5-12　冲天炉结构简图

2. 铸型浇注

(1)浇注系统。浇注系统是铸型中液态金属流入型腔的通道。其作用主要是将液体金属平稳、迅速注入铸型,且能调节各部分温度和起到挡渣作用。

浇注系统通常由浇口杯、直浇道、横浇道和内浇道等组成,如图5-13所示。

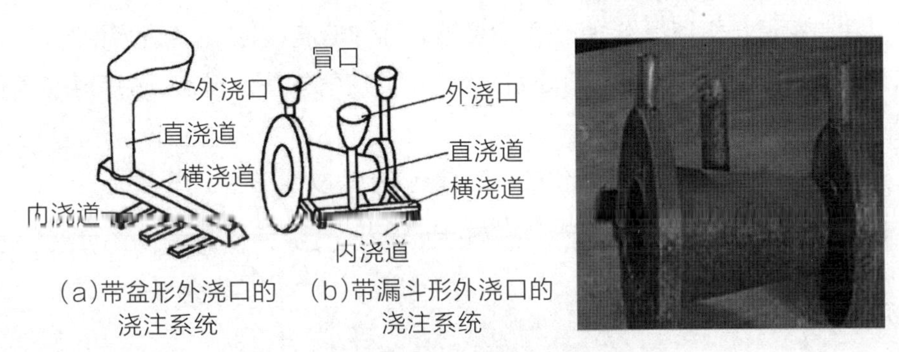

图5-13 浇注系统的组成

(2)浇注前的准备。

①准备浇包。浇包是用于盛装铁液进行浇注的工具。可根据铸型大小、生产批量准备合适和足够数量的浇包。

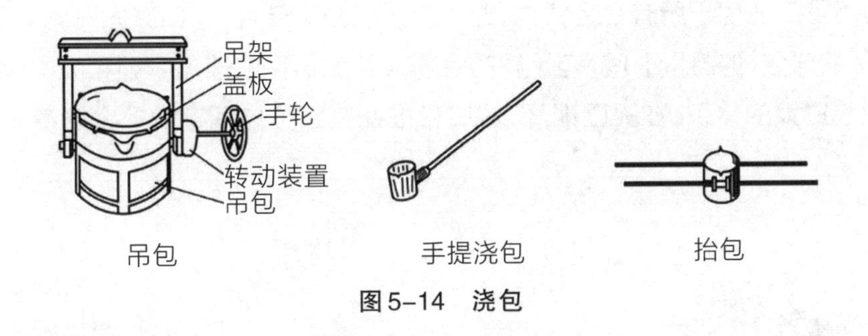

图5-14 浇包

②清理通道。浇注时,行走通道不能有杂物和积水。

(3)浇注工艺。

①浇注温度。金属液浇注温度的高低,应根据铸件材质、大小及形状来确定。浇注温度过低时,铁液的流动性差,易产生浇不足、冷隔、气孔等缺陷;而浇注温度偏高时,铸件收缩大,易产生缩孔、裂纹、晶粒粗大及黏砂等缺陷。铸铁件的浇注温度一般在1 250~1 360 ℃之间,铝合金的浇注温度为620~730 ℃。对形状复杂的薄壁铸件浇注温度应高些,厚壁简单铸件可低些。

②浇注速度。浇注速度要适中,太慢会使金属液降温过多,易产生浇不足、冷隔、夹渣等缺陷;浇注速度太快,金属液充型过程中气体来不及逸出易产生气孔,同时金属液

的动压力增大，易冲坏砂型或产生拍箱、跑火等缺陷。浇注速度应根据铸件的大小、形状决定。浇注开始时，浇注速度应慢些，利于减小金属液对型腔的冲击和气体从型腔排出；随后浇注速度加快，以提高生产速度，并避免产生缺陷；结束阶段再降低浇注速度，防止发生拍箱现象。

③浇注注意事项：

a. 浇注前需进行扒渣操作，即清除金属液表面的熔渣，以免熔渣进入型腔。

b. 浇注时在砂型出气口、冒口处引火燃烧，促使气体快速排出，防止铸件气孔和减少有害气体污染空气。

c. 浇注过程中不断流出，应始终使外口保持充满，以便熔渣上浮。

d. 浇注是高温作业，操作人员应注意安全。

（六）冒口

冒口是铸型内用以储存金属液的空腔，在金属液冷却和凝固过程中，补给金属液，从而防止缩孔、缩松的形成，同时还起到集渣、排气的作用。

冒口的设计功能不同，其形式、大小和开设位置均不相同。冒口形状常见的有圆柱形、球顶圆柱形、长腰圆柱形、球形、扁球形等。

冒口分为通用冒口、铁铸件实用冒口两大类，其中通用冒口又包括普通冒口和特种冒口。通用冒口适用于所有合金铸件，遵循凝固的基本条件：冒口凝固时间大于或等于铸件（被补缩部分）的凝固时间；有足够的金属液补充铸件的液态收缩和凝固收缩，补偿浇注后型腔扩大的体积；在凝固期间，冒口和被补缩部位之间存在补缩通道，扩张角向着冒口。

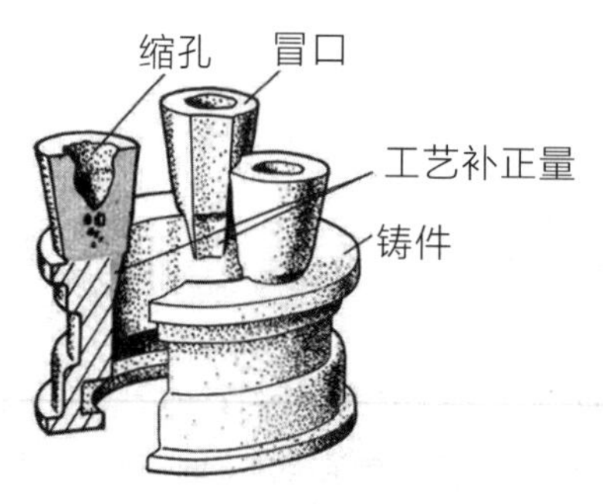

图5-15　以补缩为主的冒口

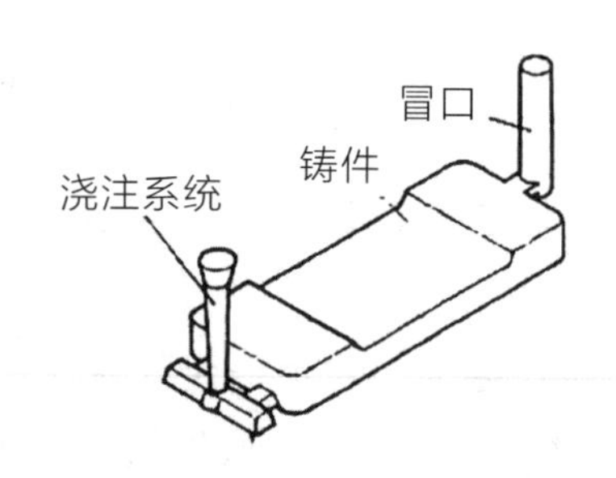

图5-16　以出气集渣为主的冒口

冒口的设置一般遵守以下原则：(1)尽可能放在铸件被补缩部位上部或最后凝固的地方；(2)尽量放在铸件最高最厚的地方，以便利用金属液的自重力进行补缩；(3)尽可能不阻碍铸件的收缩；(4)最好布置在铸件需要机械加工的表面上，来减少精整铸件的工时。

(七)铸件的落砂与清理

1. 落 砂

浇注后从铸型中取出铸件的过程称为落砂。落砂应该在铸件冷却到一定温度后进行,温度太高时落砂,会使铸件急冷而产生白口(既硬又脆无法加工)、变形和裂纹;但也不能冷却到常温时才落砂,以免影响生产率与铸件形状。一般来说应在保证铸件质量的前提下尽早落砂。

落砂的方法有手工落砂和机械落砂两种。在专业化或大批量生产中一般用落砂机进行落砂。常用的机械为震动式落砂机。

2. 清 理

将铸件上的黏砂、浇冒口、飞边和氧化皮清除掉的工序叫清理。清理工作主要包括切除浇冒口、清除砂芯、清除黏砂和对铸件进行修整等工作。浇冒口常用敲击、锯削、氧气切割清除。飞边、氧化皮可用风铲和手工工具清除。其中,用高压水束喷射铸件进行清理残留砂叫水力清砂;将铸件和星铁(专用于清理的小铁件)装在滚筒中,滚筒转动,铸件和星铁互相碰撞摩擦进行清理称为滚筒清理;抛丸清理是利用高速旋转的叶轮产生的离心力,将铁丸抛向铸件进行表面清理。

3. 检 验

检验是检查铸件是否符合要求的必要工序。外观检查可以检查铸件的形状、尺寸和表面缺陷。铸件内的缺陷可通过射线、超声波检查。铸件的化学成分、金相组织可分别用化学分析和金相显微镜检查。

五、特种铸造介绍

特种铸造指的是有别于砂型制造的其他制造方法。常见的方法有熔模铸造、金属型铸造、压力铸造、离心铸造等。特种铸造能提高铸件的尺寸精度和表面质量、物理及力学性能;提高金属的利用率、劳动生产率,改善劳动条件和降低成本,便于机械化和自动化生产。特种铸造适宜在高熔点、低流动性、易氧化合金铸造的环境。

(一)熔模铸造

熔模铸造是用易燃材料制成模样,在模样上涂挂耐火材料,待硬化后加热使模样熔化流出模壳,再经高温焙烧后浇注获得铸件的一种铸造方法。由于模样常用蜡质材料制造,因此又称为“失蜡铸造”。

熔模铸造可铸出形状复杂的铸件，而且尺寸精度可达T14~T11，表面粗糙度 Ra 值一般为12.5~1.6 μm；也适于铸造各种金属材料，对于耐热合金的复杂铸件，熔模铸造几乎是唯一的生产方法；生产批量不受限制，且便于实现机械化流水线生产。但铸模铸造的生产成本高、工序繁杂、生产周期较长，且铸件不宜太大、太长，一般限于25 kg以下。

熔模铸造的工艺过程包括制作蜡模、制作型壳、脱蜡、焙烧型壳、浇注、脱壳、清理等工序。

（二）金属型铸造

金属型铸造，是将液体金属浇入金属铸型，在重力作用下充填铸型，以获得铸件的一种铸造方法，又称硬模铸造。为保证铸型的使用寿命，制造铸型材料应具有好的耐热性和导热性，能够反复受热不变形、不破坏，具有一定强度、韧性和耐磨性，以及良好的切削加工性能。在生产中，常选用碳钢、铸铁或低合金钢作为铸型材料。

由于金属导热性好，液体金属冷却速度快、流动性降低快，故金属型铸造时浇注温度比砂型铸造要高，在铸造前需要对金属型进行预热，铸造前未对金属型进行预热容易使铸件产生冷隔、夹杂、浇不到、气孔等缺陷，未预热的金属型在浇注时还会使铸型受到强烈的热冲击，应力倍增，极易被破坏。

（三）压力铸造

压力铸造是将熔融金属在高压下快速压入铸型，并在压力下凝固，以获得铸件的铸造方法，目前已广泛应用于汽车、电器仪表、航空航天、精密仪器、医疗器械等行业。生产的零件覆盖发动机气缸体（盖）、变速箱箱体、发动机罩、仪表和照相机的壳体等。

通常压力铸造是在压铸机上完成的，压铸机有多种形式，应用最多的是冷压式卧式压铸机。压力铸造目前主要应用于铝、锌、镁、铜等有色合金的中、小型铸件的生产。在压铸件中，铝合金压铸件的生产占30%~50%，其次为锌合金压铸件。

（四）离心铸造

离心铸造是将熔融金属浇入绕水平、倾斜或立轴旋转的铸型，在离心力作用下，凝固成型的铸件轴线与旋转铸型轴线重合的铸造方法。根据铸型旋转空间位置的不同，常用的离心铸造机有立式和卧式两类。其中，铸型绕垂直轴旋转的称为立式离心铸造，铸型绕水平轴旋转的称为卧式离心铸造。离心铸造多用于浇注各种金属的圆管状铸件，如各种套、环、管等铸件，以及可以铸造各种组织要求致密、强度要求较高的成型铸件，如小叶轮、成型刃具等。

离心铸造的优点是在生产空心旋转体铸件时，不需要型芯和浇注系统，生产率高、节省材料。铸件在离心力的作用下凝固成型，致密性好，内部不易产生缩孔、气孔、渣气孔等缺陷。缺点是铸件的表面质量较差、内孔直径尺寸不准确、内表面粗糙、加工余量大，且在浇注冷凝过程中，密度较大的组织容易集中于表层，产生化学成分不均匀的缺陷，容易产生偏析的合金（如铅青铜）就不能用离心铸造法生产铸件。

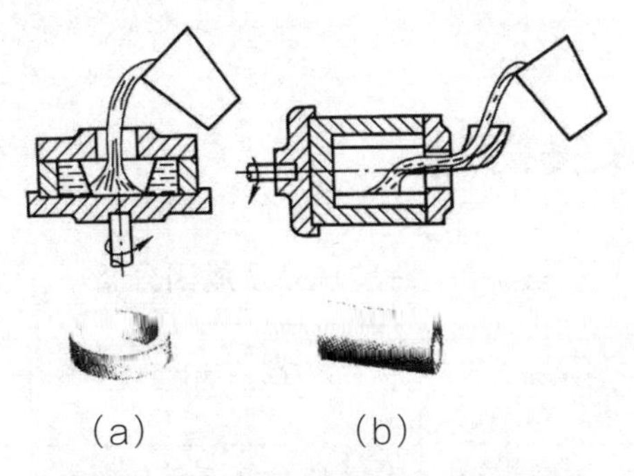

图5-17　离心铸造铸件成型过程

六、综合实训：支撑座铸造

1. 造型一般顺序

（1）造型准备：清理工作场地，备好型砂、模样、芯盒、所需工具及砂箱。

（2）安放造型用底板、模样和砂。

（3）填砂和紧实：填砂时必须将型砂分次加入。先在模样表面撒上一层面砂，将模样盖住，然后加入一层背砂。

（4）翻型：用刮板刮去多余型砂，使砂箱表面和砂箱边缘平齐。如果是上型砂，在砂型上用通气孔针扎出通气孔。将已造好的下砂箱翻转180°后，用刮刀将模样四周砂型表面（分型面）压平，撒上一层分型砂。

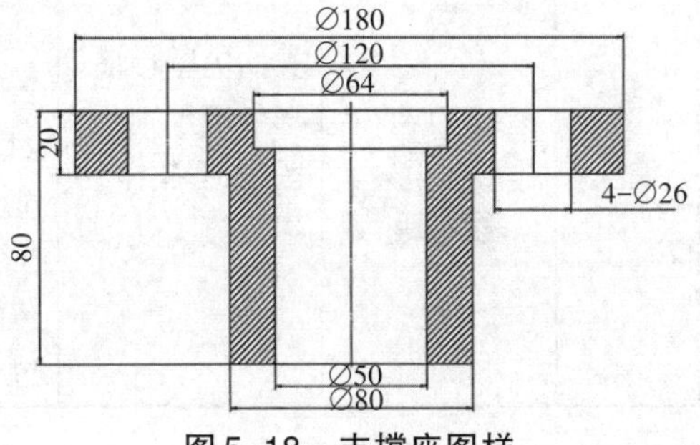

图5-18　支撑座图样

（5）放置上砂箱、浇冒口模样并填砂紧实。

（6）修整上砂型型面、开箱、修整分型面。

（7）起模。

（8）修型：起模后，型腔如有损坏，可使用各种修型工具将型腔修好。

（9）开设内浇道（口）。

（10）合箱紧固。

2. 支撑座基本铸造工艺

(1)确定浇铸位置和分型面。

(2)确定加工余量。

(3)确定拔模斜度。

(4)确定型芯。

七、常见问题及解决措施

表 5-2　铸造缺陷及成因分析

铸件缺陷	图例	特征	形成原因	解决措施
气孔	气孔	在铸件内部或表面,孔眼呈梨形、圆形,内壁较光滑	1. 液体金属浇注时被卷入的气体在合金液凝固后以气孔的形式存在于铸件中 2. 金属与铸型反应后在铸件表皮下生成的皮下气孔 3. 合金液中的夹渣或氧化皮上附着的气体被混入合金液后形成气孔	1. 浇注时防止空气卷入 2. 更换铸型材料或加涂料层防止合金液与铸型发生反应 3. 在允许补焊部位将缺陷清理干净后进行补焊 4. 合金液在进入型腔前先经过滤网以去除合金液中的夹渣、氧化皮以及气泡
缩孔	缩孔	孔的内壁粗糙,形状不规则,一般出现在铸件最后凝固处(厚壁)	1. 铸件结构设计不合理,壁厚不均匀 2. 浇冒口开设的位置不对,或冒口尺寸小,补缩能力差 3. 浇注温度太高,铁液化学成分不合格,收缩量过多	1. 合理地选择铸型,增加铸型刚度,改善铸型散热条件 2. 利用冒口、冷铁和补贴,以及在浇口杯和冒口上加发热剂、保温剂 3. 合理改进铸件结构,使铸件壁厚变化有利于顺序凝固等

续表

铸件缺陷	图例	特征	形成原因	解决措施
砂眼	砂眼	铸件的内部或表面上有充满型砂的孔眼	1. 型砂、芯砂强度不够，紧实较松，合型时松散或被液态金属冲垮 2. 型腔或浇口内散砂未吹净，铸件结构不合理，无圆角或圆角太小	1. 提高型(芯)砂的强度及砂型紧实度，减少砂芯的毛刺和砂型的锐角，防止冲砂 2. 防止砂芯烘枯及存放时间过长 3. 合理设计浇注系统，避免铁液对型壁冲刷力太大；浇口杯表面要光滑，不能有浮砂 4. 合型前要吹干净型腔和砂芯表面的浮砂，合型后要尽快浇注
裂纹	裂纹	1. 冷裂纹细小，呈连续直线状，有时缝内呈轻微氧化色 2. 热裂纹短、缝隙宽、形状曲折、缝内呈氧化色	1. 铸件各部分冷却不均匀 2. 铸件凝固和冷却过程受到外界阻力而不能自由收缩，内应力超过合金强度而产生裂纹	1. 尽可能保持顺序凝固或同时凝固，减少内应力 2. 细化合金组织 3. 选择适宜的浇注温度 4. 增加铸型的退让性
浇不到		铸件有未完全融合的缝隙和洼坑，共交接处呈圆滑状，一般出现在离内浇道较远处、薄壁处或金属汇合处	1. 铸型散热太快 2. 合金流动性不好或浇注温度太低浇口太小，排气不畅 3. 浇注速度太慢 4. 浇包内液态金属不够	1. 合理设计浇注系统结构 2. 浇包内炉渣清理干净 3. 浇注铁水要充足，选择合理的浇注温度与速度
冷隔		铸件有未完全融合的缝隙和洼坑，共交接处呈圆滑状，一般出现在离内浇道较远处、薄壁处或金属汇合处	1. 浇注温度太低 2. 浇道太小或位置不当 3. 浇注速度太慢或浇注时发生中断	1. 改进流道设计 2. 加大冒口，冒口上加发热剂、保温剂 3. 提高浇注温度、加快浇注速度

八、复习思考题

1. 什么叫铸造？铸造由哪些工序组成？
2. 型砂应具备哪些基本性能？对铸件质量有什么影响？
3. 简要说明手工造型的操作过程和要点。
4. 砂型铸造的造型方法有哪些？
5. 舂砂是否越紧越好？砂芯为什么需要烘干？
6. 涂料在铸件生产中有什么作用？在铸造工艺中有哪几种涂料应用？
7. 浇注系统由哪几部分组成？各部分起什么作用？
8. 砂芯起什么作用？
9. 机器造型有什么优点？
10. 试述气孔、砂眼、夹杂物、缩孔四种缺陷产生的原因，如何防止？
11. 试举出几种特种铸造方法？相对于砂型铸造，它们有什么优点？
12. 什么是熔模铸造？简述熔模铸造的工艺过程、生产特点和适用范围。
13. 整模造型、分模造型各适于什么形状的铸件？

课后拓展：

1. 了解铸造历史及其发展过程。

2. 列举古代各时期著名的铸件，如殷商时期的“后母戊”鼎、战国时期的编钟和铜车马等。

项目六
激光加工实训

一、实训目的和要求

(1)掌握激光加工的基本理论,培养学生的动手能力与创新精神。

(2)了解激光加工工艺的方法种类、特点及应用。

(3)了解激光加工设备的组成。

(4)掌握基础的计算机绘图、图片处理能力及三维模型数据处理、转换能力。

(5)掌握激光加工设备的操作方法及能独立进行设计并完成产品的激光打标、激光雕刻及激光切割加工。

(6)了解我国激光加工技术及装备的发展趋势。

二、安全操作规程

(1)遵守一般安全操作规程。按照实训要求着装,此外操作人员禁止佩戴任何可以反光的首饰及配饰。

(2)进入实训室打开窗户,并保持消防通道畅通。

(3)按规定穿戴好劳动防护用品,在激光束附近必须佩戴符合规范的防护眼镜。

(4)不擅自使用加工设备或工具。在使用前先检查,发现有故障或损坏时,立即向老师报告。

(5)设备运行过程中操作人员不得擅自离开岗位或做与加工无关的事,必须全程观察设备的运行情况。

(6)加工完毕后关闭设备电源和电脑,将工具、座椅、键盘鼠标放置归位,整理清洁加工区域,将加工废料放置到指定位置。

三、激光加工实训概述

(一)激光加工技术

激光加工技术是利用激光束与物质相互作用的特性,对材料(包括金属与非金属)

进行切割、焊接、表面处理、打孔及微加工等的一门加工技术。激光加工作为先进制造技术已广泛应用于汽车、电子、电器、航空、冶金、机械制造等国民经济重要部门，对提高产品质量、劳动生产率、自动化、无污染、减少材料消耗等起到愈来愈重要的作用。

(二)激光加工应用场景

继传统的气体、固体激光器之后，碟片激光器、半导体激光器、光纤激光器、全固化可见激光器及倍频紫外线激光器，皮秒、飞秒激光器等新型激光器发展迅速，总体而言，全球激光技术的主要趋势是向大功率、优质光束、高度可靠性、智能化和低成本方向发展。

当前，国内激光市场主要分为激光加工设备、光通信器件与设备、激光测量设备、激光器、激光医疗设备、激光元部件等。随着激光技术的进步，我国激光市场在相关产业的带动下将会获得快速发展。激光加工设备行业的发展对促进科学技术的发展和进步、推动对传统工业改造升级和加速国防技术的现代化发挥了积极的作用。

(三)激光加工发展方向

稳定、可靠、安全、高效、廉价是激光精密加工技术在加工领域得到广泛应用的基础，未来激光加工技术的发展趋势将呈现以下几个特点:

1. 设备更加小型化

近年来，一系列的新型激光器得到了快速的发展，它们具有转换效率高、工作稳定性好、光速质量高、体积小等优点，这些将成为激光加工设备小型化的基础。

2. 功能多样化

一台激光加工设备将同时具有激光切割、激光打标、激光内雕、激光焊接、激光微雕等更多样的功能。

3. 应用普遍化

随着激光精密加工设备成本的降低，激光精密加工技术将在更多领域得到更加广泛的应用。实现激光产业与传统产业的紧密结合，用先进的激光制造技术改造传统产业。

4. 系统集成化

系统集成化是激光精密加工发展的又一重要趋势。将各种材料的激光精密加工工艺系统化、完善化；开发用户界面友好、适合激光精密加工的专用控制软件，并且辅之以相应的工艺数据库；将控制、工艺和激光器相结合，实现光、机、电、材料加工一体化，是激光精密加工发展的必然趋势。

四、激光加工原理及设备认知

(一)激光加工的基本原理

1. 激光的产生原理

激光产生的过程:在受微辐射跃迁的过程中,一个诱发光子可以使处在上能级的发光粒子产生一个与该光子状态完全相同的光子,这两个光子又可以去诱发其他发光粒子,产生更多状态相同的光子。这样,在一个入射光子的作用下,可引起大量发光粒子产生受激辐射,并产生大量运动状态相同的光子。这种现象称受激辐射光放大。

激光是通过入射光子影响处于亚稳态高能级的原子、离子或分子跃迁到低能级而完成受激辐射时发出的光,简言之,激光就是受激辐射得到的加强光。

激光器由激励源、激光工作物质(介质)、谐振腔、电源、冷却系统、控制系统组成。其中激光重要的三要素是激励源、介质、谐振腔。

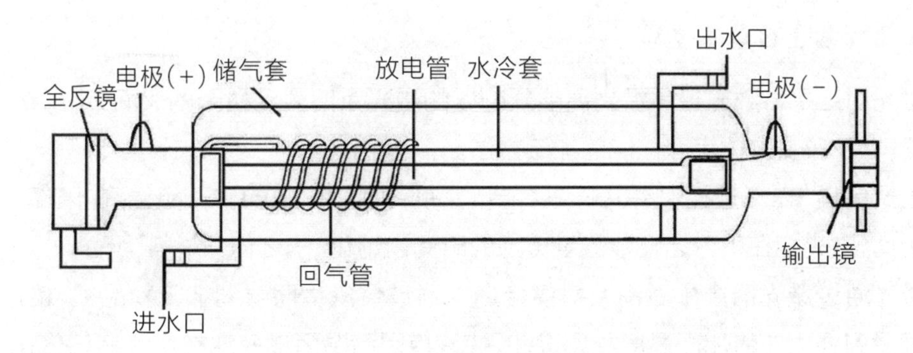

图6-1 激光器的组成

激励源:为使工作介质中出现粒子数反转,须用一定的方法去激励子体系,使处于上能级的粒子数增加。

介质:可以是气体、液体、固体或半导体。在介质中能实现粒子数反转,是产生激光的必要条件。

谐振腔:利用两个面对面的反射镜,使放大的光在镜子间来回被反射,反复通过镜间的介质不断放大。

介质受到激发至高能量状态时,开始产生同相位光波且在两端镜间来回反射,形成光电的串结效应,将光波放大,并获得足够能量而开始射出激光。

2. 激光的特性

普通光源的发光是以自发辐射为主,基本上是无序地、相互独立地产生光发射,光波无论方向、相位或者偏振状态都不相同。而激光以受激辐射为主，各发光中心所发射出的光波具有相同的频率、方向偏振和严格的相位关系。因此，激光除了具有反射、折射、衍射和干涉等一般光共性外，还具有高亮度和单色性、方向性、相干性好等特点。

高亮度：用透镜聚焦后，所得到的能量密度是太阳光的几百倍。

单色性：激光为最纯的单色光。

方向性：激光传播时基本不向外扩散。

相干性：激光的相位（波峰和波谷）很有规律，相干性好。

激光加工在工业加工领域存在着如下鲜明特点：

（1）非接触加工，不产生机械磨损，对被加工的材料不存在力学应力。

（2）能量密度高。加工速度快，工件变形小，热影响区小。

（3）对多种金属、非金属进行加工，特别是可以加工高硬度、高脆性及高熔点的材料。

（4）易于与数控机床、工业机器人、自动化系统集成，实现高度自动化乃至智能化生产。

3. 激光加工的基本原理

激光加工是将激光聚焦得到高能量密度的激光束照射到材料的表面，用于熔化、气化材料，以及改变物体表面性能的加工方法。

经聚焦后，光斑直径仅是几微米，能量密度高达 104~1011 W/cm^2，能在局部产生高温。因此，激光能在千分之几秒甚至更短的时间内熔化、气化任何材料。

激光通过激光器产生后由反射镜传递并通过聚焦镜照射到加工物品上，使加工物品表面受到强大的热能而温度急剧增加，使该点因高温而迅速地融化或者气化，配合激光头的运行轨迹从而达到加工的目的。

（二）激光加工设备

作为集光、机、电、计算机信息及自动化控制等技术于一体的激光加工设备将是未来光信息科技时代的主角，将成为现代先进加工手段的代表，它将对各种传统仪器设备产生换代性的冲击。因此，未来激光加工设备具有广阔的应用领域和市场空间，激光加工设备的技术进步表现为软件的不断优化升级，最新型光学器件的研发进展和采用，与数控机床、机器人、自动化系统集成技术的不断改进，产品外形设计的不断更新等自身的升级。

1. 激光切割雕刻机

非金属激光切制机是一款专为板材雕刻切制设计的机器，采用超精细雕刻切割技术，雕划速度快，精度高，切割切口光滑，切缝窄，曲线拟合精确、平滑，运用镶嵌工艺，维护简便。主要功能及应用：

雕刻：仪器操作面板、奖杯/奖牌、印刷制版、公司仪器、铭牌。

雕刻质量：①雕刻图案字体清晰，立体感强，底面光滑；②可雕刻风景、花鸟鱼虫、公司标识等，形象逼真。

切割：薄木片、家具、工艺饰品、拼花、玩具、建筑模型、航模、开关薄膜、广告字体及标识、皮革切花、纺织品加工。

切制质量：①切制走线平滑，边缘无锯齿，缝隙小，曲线拟合精准；②路径优化，高速运转情况下仍有高品质的输出。

行业应用：电子电器行业、服装行业、印刷业、模型业（建筑模型、航海航空模型、木制坑具）工业面板的裁切、打样、画线、精密加工领域。

使用材料：橡胶、玻璃、亚克力、纸张、塑料、骨制品、PVC、KT板、双色板、胶合板、皮革、布料、塑料制品、烤过漆的金属、氧化铝水晶、石英、大理石、陶瓷、纸板管（特种材料应用请在工程师指导下测试）。

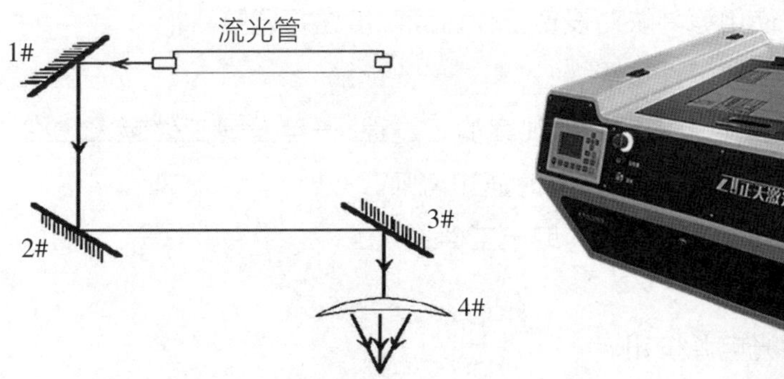

图6-2　激光发射原理图

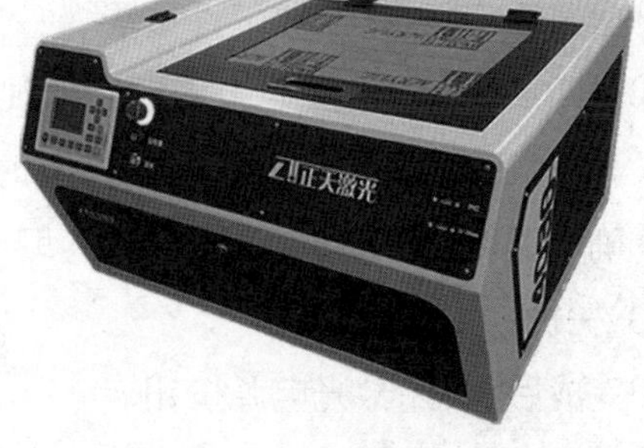

图6-3　激光切割雕刻机

表6-1　4030型激光切割雕刻机设备基础参数

名称	参数
激光器	CO_2激光器40W
工作幅面	400×300×130(X×Y×Z)
工作台Z轴行程	0～130(mm)
工作电压(V)	220V 50HZ
整机功率	800W
外观尺寸(mm)	1070 mm×790 mm×540mm

续表

名称	参数
主要功能	切割、平面雕刻、3D打印、打孔、划线
支持软件	CorelDraw、Photoshop、CAD、CAXA

2. 激光切割雕刻机操作步骤

(1)开机。

①确保电源线连接,确保紧急开关处在弹出状态。

②使用设备电源钥匙,顺时针旋转90°启动设备。

③按下激光启动按钮。

④启动计算机 。

(2)加工。

①打开计算机,进入软件RDWorksV8。

②编辑或打开加工文件。

③根据工件高度,使用等高块对设备工作台面高度进行调整。

④根据加工要求,摆放工件位置。

⑤关闭加工舱门,开始加工。注意观察加工过程,一旦发现工件起火,立即拍停急停开关,采取正确的灭火方式灭火,并及时通知老师。

⑥确认工件加工完毕后,打开舱门取出工件。

(3)关机。

①完成后,关闭激光电源按钮。

②使用设备电源钥匙,逆时针旋转钥匙90°,关闭设备电源。

③关闭计算机。

3. 激光打标机

激光打标机是用激光束在各种不同的物质表面打上永久的标记。打标的效应是通过表层物质的蒸发露出深层物质,从而刻出精美的图案、商标和文字,激光打标机主要应用于一些要求更精细、精度更高的场合。

(1)工作原理。

①激光打标是利用激光的高能量作用于工件表面,使工作表面达到瞬间气化,并按预定的轨迹,写出具有一定深度的文字和图案。

②由光纤激光器输出的激光束经反射镜1反射到反射镜2上,再由反射镜2反射到F~θ透镜上,最后由F~θ透镜聚焦到焦平面的打标区域上。反射镜由振镜电机控制其偏转角度,而振镜电机的偏转则由计算机通过打标控制卡来控制,使聚光斑按照计算机设

定的图案、文字轨迹运行，如图6-4所示。

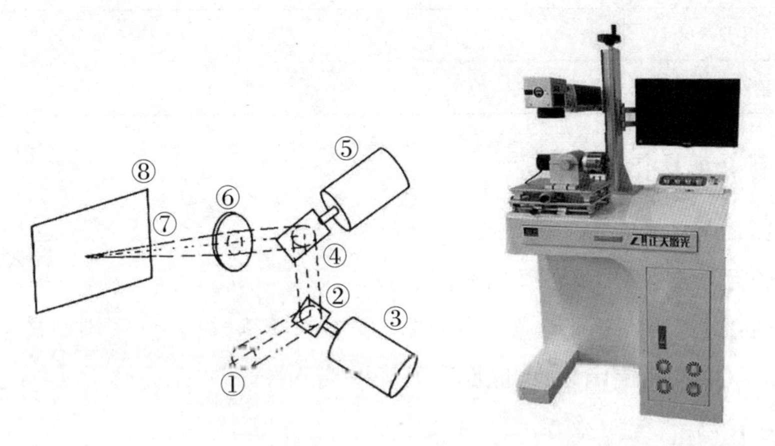

（a）示意图　　　　（b）光纤激光打标机实物图

图6-4　激光打标机

①入射激光束；②反射镜1；③振镜电机1；④反射镜2；⑤振镜电机2；

⑥F~θ透镜；⑦输出光束；⑧打标区域

表6-2　激光打标机设备基础参数

名称	参数
平均输出功率	50 W
要求为品牌激光器	IPG激光器
激光波长	1064 nm
功率调节范围	0%~100%
重复频率	20~80 Hz
输出光速质量	M2<1.2
标刻线深	0.1 mm~3 mm(视材料可调)
最小聚焦光斑	0.005 mm
最小字符高度	0.15 mm
打标格式	图形、文字、条形码、二维码、日期、班次、批号、序列号、文件链接
最大直线打标速度	12000 mm/s
标准雕刻范围	108 mm×108 mm
控制接口	USB
振镜	高性能扫描振化

续表

名称	参数
整机功耗	700W
重复精度	±0.001mm

4. 激光打标机操作步骤

(1)开机。

①确保各电源线、信号线正确相连。

②把设备接上220V交流电源，将带漏电保护的断路器拔上(通电状态)，往上拨动断路器(有漏电保护，若漏电超标，断路器则无法启动)。

③启动计算机 。

(2)打标。

①打开计算机，进入Windows操作系统，双击“华中激光”打标系统，进入打标控制界面。

②编辑或导入加工文件。

③根据工件加工面高度调节激光器高度。

④点击控制界面“红光”按钮，根据红光所示加工区摆放工件。

⑤点击控制界面“打标”按钮，开始打标。

⑥取出工件。

(3)关机。

①关闭计算机。

②待计算机完全关闭后，关掉总电源。

5. 激光内雕机

激光内雕机是将一定波长的激光打入玻璃或者水晶内部，令其内部的特定部位发生细微的爆裂形成气泡，从而勾勒出预置形状的一种加工工艺。采用激光内雕技术，将平面或立体的图案“雕刻”在水晶玻璃的内部。激光要能雕刻水晶，它的能量密度必须大于使水晶破坏的某临界值，或称阈值，而激光在某处的能量密度与它在该点光斑的大小有关，同一束微光，光斑越小的地方产生的能量密度越大。这样，通过适当聚焦，可以使激光的能量密度在进入水晶及到达加工区之前低于水晶的破坏阈值，而在希望加工的区域则超过这一临界值，激光在极短的时间内产生脉冲，其能量能够在瞬间使水晶受热破裂，从而产生极小的白点，在水晶内部雕出预定的形状，而水晶的其余部分则保持原样完好无损，图6-5为激光内雕机，其基础参数见表6-3所示。

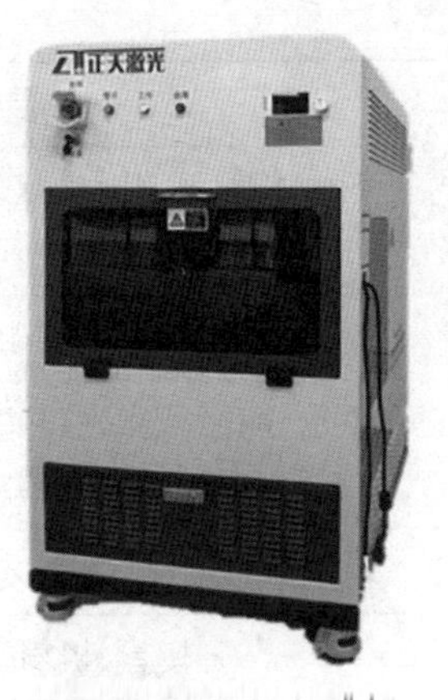

图 6–5　激光内雕机

表 6–3　激光内雕机设备基础参数

名称	参数
最大雕刻范围	325 mm X 395 mmX 145 mm
激光功率	3 W
激光频率	280 000~300 000次/秒
单脉冲焦耳能量	1 500 mJ
激光波长	532 nm
激光器寿命	55 000小时
功率稳定性	± 2%（持续工作24小时）
激光电源最高频率	>2 kHz
激光脉冲	6 ns
焦距	100 mm
焦点直径	0.01 mm
最快雕刻速度	5000points/second
雕刻点大小	50~90 μm
激光电源功率	1000 W
工作电源	AC20V/50Hz/2kV
光学系统	精密扫描激光系统光学元件
光学控制系统	五轴联动:精密进口高频二维光控+X轴Y轴Z轴伺服
控制平台	专业级工业工控机

续表

名称	参数
文件格式	支持形式3DS，DXF，0BJ,CAD,ASC,WRL,3DV,ETC,JPG,BMP，DXG等
制冷方式	风冷(恒温变频可连续工作)
保护方式	封闭式工作平台,高性能激光过滤保护观察口,开仓即停供给电源:220V±10%(单相),有独立接地线
使用条件	50 Hz,电流10 A
机身特点	开模具、机身钣金一次成型
激光器类型	高频泵浦窄脉宽激光器
分辨率	>5005 dpi
重复定位精度	±0.001 mm

6.激光内雕机操作步骤

(1)开机。

①确保电源线连接,确保紧急开关处在弹出状态。

②使用设备电源钥匙,旋转90°启动设备。

③启动计算机 。

(2)加工。

①打开计算机,进入软件。

②编辑或打开加工文件。

③根据工件参数设置摆放工件。

④关闭加工舱门。

⑤确认工件加工完毕后,打开舱门取出工件。

(3)关机。

①完成后,关闭计算机。

②待计算机完全关闭后,逆时针旋转钥匙90°,关闭设备电源。

(三)激光加工的分类

激光加工技术类型众多,应用领域广泛且潜力巨大,主要有激光雕刻、激光切割、激光打标、激光内雕、激光3D打印、激光焊接、激光热处理等。

1. 激光雕刻

激光雕刻加工是利用数控技术为基础，激光为加工媒介，加工材料在激光照射下瞬间的烧灼、熔化的变形。激光雕刻就是运用激光技术在物体上面刻写文字、图案，这种技术刻出来的图文没有刻痕，物体表面依然光滑。激光雕刻主要是在物体的表面进行，主要适用于木板、双色板、有机玻璃、彩色纸等材料的加工。激光雕刻的方法：

绘图。先在软件中画出或导入需要的图形，图形分为位图和矢量图两种。常用的矢量图格式为DXF、AI等，位图格式有JPG、PND等。

①位图。位图也称像素图像或点阵图像，是由多个点组成的图像，这些点被称为像素。位图表现力强，细节多，层次多，但图像在缩放时会失真。

②矢量图。矢量图也称面向对象图像或绘图图像，从数学上定义为一系列由线连接的点，矢量图中的元素称为对象，是一个自成一体的实体，且具有颜色、形状、轮廓、大小及屏幕位置等属性。矢量图放缩过程中不会失真。

加工参数编辑。加工参数的编辑在激光切割雕刻软件RDWorks V8中编辑。先导入图片后，根据加工的材料进行合适的参数设置。

加工。加工参数编辑完成后，点击运行，激光雕刻机就会根据图形文件产生的效果进行雕刻。

图6-6　激光雕刻实物图

2. 激光切割

激光切割是以高能量密度的激光使材料熔化或气化的一种材料分离的方法，它可以实现各种金属和非金属板材及众多复杂零件的切割，是激光现代制造行业最重要的技术之一。

激光切割与其他切割方法相比，最大区别在于它具有高速度、高精度及高适应性的特点，同时还有割缝窄、热影响区小、切割面质量好、噪声小、加工成本低、可实现自动化加工等优点。因此，它广泛应用于工程机械、航空航天、电子和电气、汽车制造、冶金等方面，激光切割的特点主要有：

（1）热影响区小，热影响层深度0.05~0.1 mm，热畸变形小。

（2）割缝窄，一般为0.1~1 mm。对轮廓复杂和小曲率半径等外形均能达到微米级精度的切割。

（3）无刀具磨损，没有接触能量损耗，也不需更换刀具，易于实现自动控制。

（4）激光束聚焦后功率密度高，能切割各种材料，如高熔点材料、硬脆材料。

（5）可在大气中或任意气体环境中进行切割，不需真空装置。

（6）噪声低，无公害。

激光切割的方法。用激光切割机操作软件打开该文件，根据我们所加工的材料进行能量和速度等参数的设置再运行即可。根据电脑绘制好的模板，然后直接输入电脑，激光切割机在接到计算机的指令后会根据软件产生的飞行路线进行自动切割。

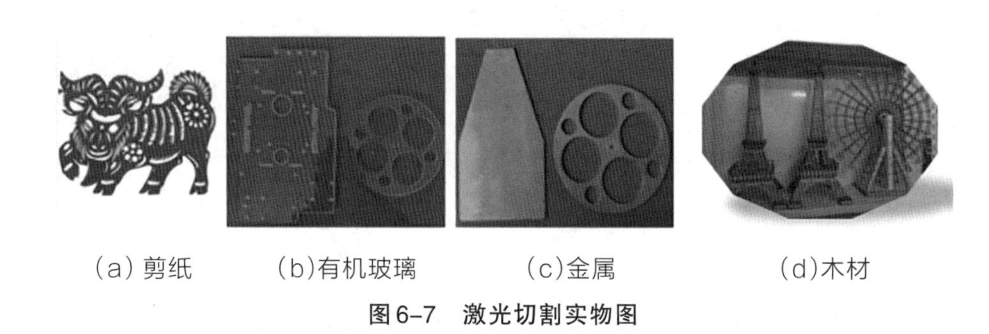

（a）剪纸　（b）有机玻璃　（c）金属　（d）木材

图6-7　激光切割实物图

3. 激光打标

激光打标是利用聚焦的高功率密度激光束照射在工件表面上，使工件表面迅速产生蒸发或发生颜色变化的反应，通过光束与工件相对运动，从而在工件表面刻出所需要的任意文字或图案，形成永久防伪标志的技术。

激光打标技术作为一种先进制造技术，具有下列自身的特点。

（1）精度高。激光打标出来的线条宽度可达到0.01 mm，人的头发直径一般是0.07 mm，激光打标出来的线宽只有头发直径的七分之一，可见激光打标的线宽很窄；最小字符高度可达0.1 mm。

（2）速度快。激光打标线速度可达到12 000 mm/s，每秒可标刻1 000个字符。

（3）非接触式。激光打标为非接触式加工，不存在工具磨损，无力学应力。

（4）加工灵活，自动化程度高。激光打标可实现任意形状及文字的雕刻，可自动跳号，方便与自动化流水线相配合，实现批量生产。

（5）材料适用性广。激光可在金属材料及大部分非金属材料上面进行打标。

（6）无耗材、无污染、标记效果具有永久性。

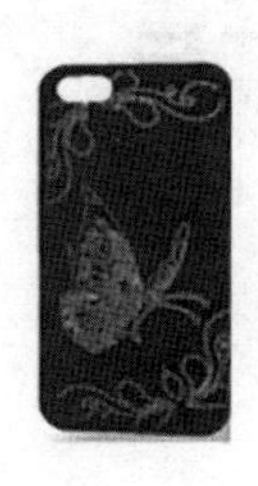

图6–8 激光打标实物图

4. 激光内雕

激光内雕是激光雕刻的一种。简单地说，就是通过激光内雕设备将平面或立体图案雕刻在水晶玻璃或其他透明材料的内部，形成所需要产品的技术。

利用材料对高强度激光的非线性“异常吸收”现象进行加工的一种方法。激光能量密度必须大于使玻璃破坏的一种临界值，或称阈值，且激光能量密度与它在该点光斑的大小有关。同一束光，光斑越小的地方能量密度越大。这样，通过适当聚焦，可以使激光的能量密度在进入玻璃及到达加工区之前低于玻璃的破坏阈值。在希望加工的区域超过这一临界值，在极短的时间内产生脉冲，其能量能够在瞬间使玻璃受热破裂，从而产生极小的白点，在玻璃内部调出预定的形状，而玻璃的其余部分则保持原样。其加工对象主要是玻璃、水晶等透明物。

激光内雕的原理是非线性光学现象。透明材料虽然一般情况下对激光是透明的，不吸收激光能量，但是在足够高的光强下会产生非线性效应，比如多光子电离、阈上电离等，所以在强度足够高的激光聚焦点，透明物质会在短时间内吸收激光能量而产生微爆裂，大量的微爆裂点排列成所需要的图案。激光内雕的特性：

(1)采用先进的振镜技术配合2kHz半导体泵浦YAG倍频激光器，爆点很细很亮，雕刻速度更快，图案更精细、生动、逼真。

(2)关键元器件设计合理，长期工作稳定性好。

(3)配置自主开发软件，配合三维相机可精细制作三维人像。

(4)适应个性化和批量快速加工需要，一台设备可满足多个店面网络销售及电子商务网络销售的生产量。

图6–9 激光内雕实物图

五、综合实训：切割与雕刻、内雕、打标

（一）激光切割与雕刻加工

1. 给定条件

（1）每人一块，尺寸为100 mm × 100 mm × 2 mm的木板材。

（2）使用电脑编辑加工文件。

（3）加工内容自拟。

2. 实训要求

（1）加工图形或文字清晰、鲜明，外观整洁，烧灼痕迹较小。

（2）桌面及加工区域整洁干净，废料放入指定位置。

（3）在加工时点击加工预览，查看加工时长。登记设备使用登记表。

3. 加工参数

（1）绘制待加工板材边框。边框尺寸为实际尺寸100 mm × 100 mm，图层设置中“是否输出”选择“否”，图形边框为褐色。

（2）导入图片，位图框颜色为蓝色。图层设置中，“是否输出”选择“是”，速度为200 mm/s，加工方式选择激光扫描，功率选择“1”，最小功率和最大功率都为18%。

（3）选中图片点击“BMP”设置，处理选择散点图，自行调节亮度、对比度，然后点击“应用到预览”查看效果。预览合适后点击“应用到原图”。

（4）输入文字，文字颜色选择绿色，图层设置中，“是否输出”选择“是”，速度为100 mm/s，加工方式选择激光切割，功率选择“1”，最小功率和最大功率都为8%。然后取消激光打穿模式。

（5）绘制切割线，颜色选择红色，图层设置中，“是否输出”选择“是”，速度为15 mm/s，加工方式选择激光切割，功率选择“1”，最小功率和最大功率都为8%。然后激光打穿模式打钩。打穿功率为100%。

（二）激光打标加工

1. 给定条件

（1）每人一块，尺寸为90 mm × 54 mm金属名片。

（2）使用电脑编辑加工文件。

（3）加工内容自拟。

2. 实训要求

(1)加工图形或文字清晰、鲜明,外观整洁。

(2)桌面及加工区域整洁干净,废料放入指定位置。

(3)记录加工时长。登记设备使用登记表。

3. 加工参数

使用默认加工参数即可。

(三)激光打标加工

1. 给定条件

(1)每人一块,尺寸为15 mm×20 mm×30 mm水晶块。

(2)使用机房电脑编辑加工文件。

(3)加工内容自拟。

2. 实训要求

(1)加工图形或文字清晰、鲜明,外观整洁。

(2)桌面及加工区域整洁干净,废料放入指定位置。

(3)记录加工时间。登记设备使用登记表。

(4)加工参数根据加工内容设置。

六、复习思考题

1. 激光加工发展趋势是什么?
2. 简述激光加工原理。
3. 简述激光加工的特点。
4. 激光加工分为哪几类?
5. 激光技术还有哪些方面应用?

课后拓展:

通过网络学习我国激光加工技术发展史。

项目七 车削加工实训

一、实训目的和要求

(1)了解普通卧式车床的主要结构、传动系统。

(2)掌握切削运动与切削力、切削温度等相关知识。

(3)熟悉车床的基本操作方法,掌握常见工件的车削加工方法。

(4)了解车刀的类型及加工范围。

二、安全注意事项

(1)工作前按规定穿戴好防护用品,扎好袖口,不准戴围巾,女工应戴好工作帽。操作时,不得戴手套作业。

(2)工件、夹具和刀具必须装夹牢固。

(3)机床开动前,检查各手柄位置是否正确。按润滑表加注润滑油,并观察周围动态。机床开动后,要站在安全位置上,以避开机床运动部位和铁屑飞溅。

(4)调整机床转速、行程、装夹工件和刀具以及测量工件、擦拭机床时,要等停稳后才能进行。

(5)车刀必须牢固安装在刀架上,刀头不得伸出过长。刀垫要整齐,不得以锯条、破布、棉纱等作为垫用材料。

(6)机床在运转时,严禁用手拿着板牙、丝锥加工,必须使用专用的夹具。

(7)工作结束后,停止机床运转,将使用的各种工具有序地放在工具箱内,将毛坯、半成品、成品分别堆放整齐。

三、车削加工概述

车削是指车床加工,是机械加工的一部分。车削加工是以主轴带动工件作回转运动为主运动、以刀具的直线运动为进给运动加工回转体表面的切削方法。车床加工主要用车刀对旋转的工件进行车削加工。车床主要用于加工轴、盘、套和其他具有回转表面的回转体或非回转体工件,是机械制造和修配工厂中使用最广的一类机床加工。

(一)车削运动

在切削加工中刀具与工件的相对运动,即表面成型运动,可分解为主运动和进给运动。

1. 主运动

主运动是切下切屑所需的最基本的运动,在切削运动中主运动的速度最高、消耗的功率最大。主运动只有一个,如车削时工件的旋转运动。使工件与刀具产生相对运动以进行切削的最基本运动称为主运动。

2. 进给运动

进给运动是多余材料不断被投入切削,从而加工完整表面所需的运动,进给运动可以有一个或几个,如车削时车刀的纵向或横向运动,使主运动能够继续切除工件上多余的金属,以便形成工件表面所需的运动称为进给运动。

(二)车削用量

切削用量是指切削速度 v_c、进给量 f、背吃刀量 a_p。它是调整刀具与工件间相对运动速度和相对位置所需的工艺参数。

1. 切削速度 v_c

切削速度是指切削刃上选定点相对于工件的主运动的瞬时速度。计算公式如下:

$$v_c=\frac{\pi dn}{1000}$$

式中:d——做主运动回转体上选定点的回转直径(mm);

n——主运动的转速(r/min)。

2. 进给量 f

工件或刀具每转一周时,刀具与工件在进给运动方向上的相对位移量,其单位mm/r。

3. 背吃刀量 a_p

背吃刀量又称切削深度,是指待加工表面与加工表面的垂直距离,单位为mm。计算公式为:

$$a_p=\frac{d_w-d_m}{2}$$

d_w——工件待加工表面直径(mm);d_m——工件已加工表面直径(mm)。

四、车床简介

(一)车床

普通车床的主要组成部件有:主轴箱、进给箱、溜板箱、刀架、尾架、光杠、丝杠和床身等。如图7-1所示。

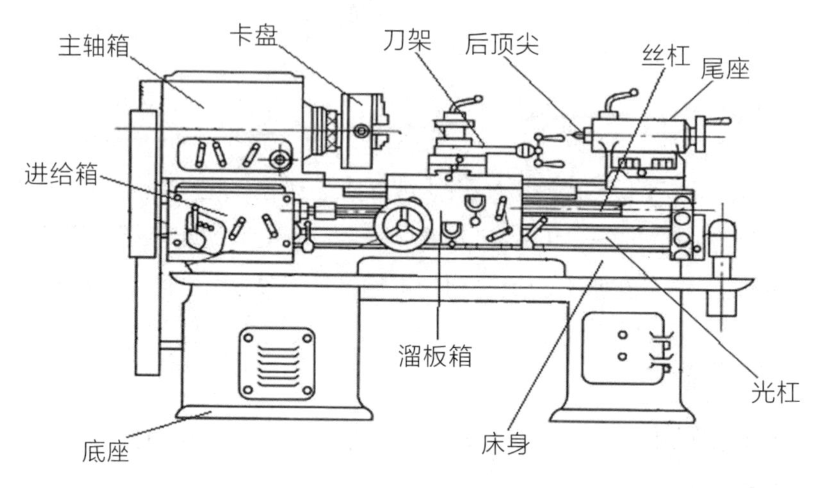

图7-1 普通车床结构

1. 主轴箱

主轴箱又称床头箱,它的主要任务是将主电机传来的旋转运动经过一系列的变速机构使主轴得到所需的正反两种转向的不同转速,同时主轴箱分出部分动力将运动传给进给箱。主轴箱中主轴是车床的关键零件。主轴在轴承上运转的平稳性直接影响工件的加工质量,一旦主轴的旋转精度降低,则机床的使用质量就会降低。

2. 进给箱

进给箱又称走刀箱,进给箱中装有进给运动的变速机构,调整变速机构,可得到所需的进给量或螺距,通过光杠或丝杠将运动传至刀架以进行切削。

3. 丝杠与光杠

光杠用以连接进给箱与溜板箱,并把进给箱的运动和动力传给溜板箱,使溜板箱获得横向和纵向直线运动。丝杠是专门用来车削各种螺纹而设置的,在进行工件的其他表面车削时,只用光杠,不用丝杠。

4. 溜板箱

溜板箱是车床进给运动的操纵箱，内装有将光杠和丝杠的旋转运动变成刀架直线运动的机构，通过光杠传动实现刀架的纵向进给运动、横向进给运动和快速移动，通过丝杠带动刀架作纵向直线运动，以便车削螺纹。

5. 刀架

刀架的功能是装夹刀具，使刀具作纵向、横向或斜向进给运动。由以下几个部分组成：

(1)床鞍。它与溜板箱连接，可沿床身导轨作纵向移动，其上面有横向导轨。

(2)中滑板。可沿床鞍上的导轨作横向移动。

(3)转盘。它与中滑板用螺钉紧固，松开螺钉便可在水平面内扳转任意角度。

(4)小滑板。它可沿转盘上面的导轨作短距离移动；当将转盘偏转若干角度后，可使小滑板作斜向进给，以便车锥面。

(5)方刀架固定在小滑板上，可同时装夹四把车刀；松开锁紧手柄，可转动方刀架，把所需要的车刀更换在工作位置上。

6. 尾座

安装作定位支撑用的后顶尖，也可以安装钻头、铰刀等孔加工刀具来进行孔加工。它主要由套筒、尾座体、底座等部分组成。转动手轮，可调整套筒伸缩一定距离，并且尾座还可沿床身导轨推移至所需位置，以适应不同工件加工的要求。

7. 床身

床身上安装着车床的各个主要部件，使它们在工作时保持准确的相对位置。

(二)车床夹具

车床夹具是用于保证被加工工件在车床上与刀具之间相对准确位置的专用工艺装备。车床夹具按工件定位方式不同分为：定心式(心轴式)、夹头式、卡盘式、角铁式、花盘式和顶尖等。

(1)定心式车床夹具：在定心式车床夹具上，工件常以孔或外圆定位，夹具采用定心夹紧机构。

(2)角铁式车床夹具：在车床上加工壳体、支座、杠杆、接头等零件的回转端面时，由于零件形状较复杂，难以装夹在通用卡盘上，因而须设计专用夹具。这种夹具的夹具体呈角铁状，故称其为角铁式车床夹具。

(3)花盘式车床夹具：这类夹具的夹具体为花盘，上面开有若干个T形槽，安装定位元件、夹紧元件和分度元件等辅助元件，可加工形状复杂工件的外圆和内孔。这类夹具不对称，需注意平衡。

（4）对同轴度要求比较高且需要调头加工的轴类工件，常用双顶尖装夹工件，其前顶尖为普通顶尖，装在主轴孔内，并随主轴一起转动，后顶尖为活顶尖装在尾座套筒内，工件利用中心孔被顶在前后顶尖之间。

（三）车床操作

电动机输出的动力，经变速箱通过带传动传给主轴，更换变速箱和主轴箱外的手柄位置，得到不同的齿轮组啮合，从而得到不同的主轴转速。主轴通过卡盘带动工件做旋转运动。同时，主轴的旋转运动通过换向机构、交换齿轮、进给箱、光杠或丝杠传给溜板箱，使溜板箱带动刀架沿床身作直线进给运动。

操作车床时要注意以下几点：

1. 开车前的检查

（1）根据机床润滑图表加注合适的润滑油脂。

（2）检查各部电气设施，手柄、传动部位、防护、限位装置是否齐全可靠、灵活。各挡应在零位，皮带松紧应符合要求。

（3）未夹工件前必须进行空车试运转，确认一切正常后，方能装上工件。

2. 操作程序

（1）装夹好工件，先启动润滑油泵，使油压达到机床的规定，方可启动。

（2）调整交换齿轮架，调挂轮时，必须切断电源，调好后，所有螺栓必须紧固，扳手应及时取下，并脱开工件试运转。

（3）装卸工件后，应立即取下卡盘扳手和工件的浮动物件。

（4）机床的尾架、摇柄等按加工需要调整到适当位置，并紧固或夹紧。

（5）工件、刀具、夹具必须装卡牢固，方可启动机床。

（6）使用中心架或跟刀架时，必须调好中心，并有良好的润滑和支撑接触面。

（7）进刀时，刀要缓慢接近工作，避免撞击；拖板来回的速度要均匀。换刀时，刀具与工件必须保持适当安全距离。

（8）自动走刀时，应将小刀架调到与底座平齐，以防底座碰到卡盘。

3. 停车操作

（1）切断电源、卸下工件。

（2）各部手柄打到零位，清点工器具，打扫清洁。

（3）检查各部保护装置的情况。

五、车刀简介

(一)车刀的结构

车刀是用于车削加工的刀具。车刀是车削加工中应用最广的刀具之一。车刀的工作部分就是产生和处理切屑的部分,包括刀刃、使切屑断碎或卷拢的结构、排屑或容储切屑的空间、切削液的通道等结构要素。按结构可分为整体车刀、焊接车刀、机夹车刀、可转位车刀和成型车刀等。其中可转位车刀的应用日益广泛,在车刀中所占比例逐渐增加。

车刀由刀头和刀体两部分组成。刀头用于切削,刀体用于安装。刀头一般由三面、两刃、一尖组成,如图7-2所示。

(1)前刀面是切屑流经过的表面。

(2)主后刀面是与工件切削表面相对的表面。

(3)副后刀面是与工件已加工表面相对的表面。

(4)主切削刃是前刀面与主后刀面的交线,担负主要的切削工作。

(5)副切削刃是前刀面与副后刀面的交线,担负少量的切削工作,起一定的修光作用。

(6)刀尖是主切削刃与副切削刃的相交部分,一般为一小段过渡圆弧。

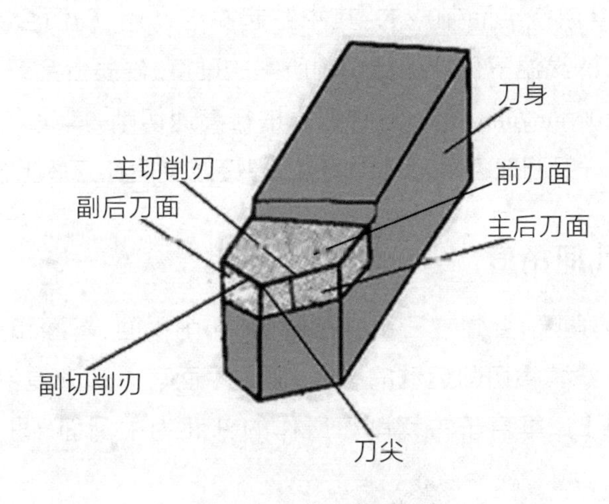

图7-2 车刀的组成

(二)车刀材料

金属切削时,刀具切削部分直接和工件及切屑相接触,承受着很大的切削压力和冲击,并受到工件及切屑的剧烈摩擦,产生很高的切削温度,即刀具切削部分是在高温、高压及剧烈摩擦的恶劣条件下工作的。因此，刀具切削部分材料应具备以下基本性能：

（1）高硬度和耐磨性。硬度是刀具材料应具备的基本特性。刀具要从工件上切下切屑，其硬度必须比工件材料的硬度大。耐磨性是材料抵抗磨损的能力。一般来说，刀具材料的硬度越高，耐磨性就越好。

（2）足够的强度和韧性。要使刀具在承受很大压力以及在切削过程中通常要出现的冲击和振动的条件下工作，而不产生崩刃和折断，刀具材料就必须具有足够的强度和韧性。

（3）高耐热性。耐热性是衡量刀具材料切削性能的主要标志。它是指刀具材料在高温下保持硬度、耐磨性、强度和韧性的性能。

（4）导热性好。刀具材料的导热性越好，切削热越容易从切削区散走，有利于降低切削温度。导热性好，切削时产生的热量就容易传散出去，从而降低切削部分的温度，减轻刀具磨损。

刀具常用材料有以下几种：

（1）高速钢。高速钢又称锋钢，是以钨、铬、钒、钼为主要合金元素的高合金工具钢。高速钢有较高的抗弯强度和冲击韧性，可以进行铸造、锻造、焊接、热处理和切削加工，有良好的磨削性能，刃磨质量较高，故多用来制造形状复杂的刀具，如钻头、铰刀、铣刀等，亦常用作低速精加工车刀和成型车刀。

（2）硬质合金。硬质合金是用高耐磨性和高耐热性的碳化钨、碳化钛和钴的粉末经高压成型后再进行高温烧结而制成的，其中钴起黏结作用，硬质合金有很高的红硬温度。在800~1 000 ℃的高温下仍能保持切削所需的硬度，硬质合金刀具切削一般钢件的切削速度可达100~300 mm/min，可用这种刀具进行高速切削，其缺点是韧性较差，较脆，不耐冲击，硬质合金一般制成各种形状的刀片，焊接或夹固在刀体上使用。

（三）车刀的几何角度

为了确定车刀的角度，要建立三个坐标平面：切削平面、基面和主剖面。对车削而言，如果不考虑车刀安装和切削运动的影响，切削平面可以认为是铅垂面；基面是水平面；当主切削刃水平时，垂直于主切削刃所作的剖面为主剖面，图7–3为车刀的几何角度。

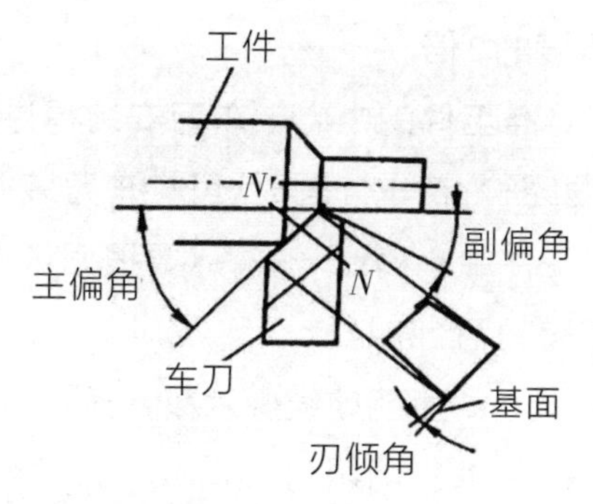

图7–3　车刀的几何角度

（1）前角 γ_0。在主剖面中测量，是前刀面与基面之间的夹角。增大前角，可使刀刃锋利、切削力降低、切削温度低、刀具磨损小、表面加工质量高。但前角不能太大，否则会削弱刀刃的强度，容易磨损甚至崩坏。

（2）后角 α_0。在主剖面中测量，是主后面与切削平面之间的夹角。其作用是减小车削时主后面与工件的摩擦，一般取 α_0=6°~12°，粗车时取小值，精车时取大值。

（3）主偏角 k_r。在基面中测量，它是主切削刃在基面的投影与进给方向的夹角。其作用是：可改变主切削刃参加切削的长度，影响刀具寿命，影响径向切削力的大小。小的主偏角可增加主切削刃参加切削的长度，因而散热较好，对延长刀具使用寿命有利。但在加工细长轴时，工件刚度不足，小的主偏角会使刀具作用在工件上的径向力增大，易产生弯曲和振动，因此，主偏角应选大些。车刀常用的主偏角有45°、60°、75°、90°等几种，其中45°较多。

（4）副偏角 k'_r。在基面中测量，是副切削刃在基面上的投影与进给反方向的夹角。其主要作用是减小副切削刃与已加工表面之间的摩擦，以改善已加工表面的粗糙度。一般选取 k'_r=5°~15°。

（5）刃倾角 λ_s。在切削平面中测量，是主切削刃与基面的夹角。其作用主要是控制切屑的流动方向。主切削刃与基面平行，λ_s=0；刀尖处于主切削刃的最低点，λ_s 为负值，刀尖强度增大，切屑流向已加工表面，用于粗加工；刀尖处于主切削刃的最高点，λ_s 为正值，刀尖强度削弱，切屑流向待加工表面，用于精加工。车刀刃倾角 λ_s，一般在−5°~5°之间选取。

（四）车刀的安装

车削时必须把选好的车刀正确安装在方形刀架上，车刀安装得好坏，对操作顺利与否及加工质量都有很大关系。安装车刀应该注意以下几点：

（1）车刀不能伸出刀架太长，应尽可能伸出短些。因为车刀伸出过长，刀杆刚性相对减弱，切削时在切削力的作用下，容易产生振动，使车出的工件表面不光洁。一般车刀伸出的长度不超过刀杆厚度的2倍。

(2)车刀刀尖的高低应对准工件的中心。车刀安装得过高或过低都会引起车刀角度的变化而影响切削。根据经验,粗车外圆时,可将车刀装得比工件中心稍高一些;精车外圆时,可将车刀装得比工件中心稍低一些,这要根据工件直径的大小来决定,无论装高或装低,一般不能超过工件直径的1%。

(3)装车刀用的垫片要平整,尽可能地减少片数,一般只用2~3片。如垫刀片的片数太多或不平整,会使车刀产生振动,影响切削。

(4)车刀装上后,要紧固刀架螺钉,一般要紧固两个螺钉。紧固时,应轮换逐个拧紧。同时要注意,一定要使用专用扳手,不允许再加套管等,以免使螺钉受力过大而损伤。

六、车削加工

(一)刻度盘及刻度手柄的使用

在车削时,要准确迅速地控制背吃刀量,且须熟练地使用中滑板和小滑板的刻度盘。中滑板刻度盘紧固在丝杆轴头上,且与丝杆螺母紧固在一起。在中滑板手柄带着刻度盘转一周时,丝杆随之转一周,这时螺母带着中滑板移动一个螺距。刀架横向进给距离可依据刻度盘的格数算。

$$\text{刻度盘转一格横向进给距离} = \frac{\text{丝杆螺距}}{\text{刻度盘格数}}$$

例如,中滑板丝杆螺距4 mm,其刻度盘等分为200格,每当旋转一格,中滑板移动距离为4÷200=0.02 mm,即进刀切深为0.02 mm。由于工件是旋转的,因此工件上被切下的部分是车刀切深的两倍,也就是工件直径改变了0.04 mm。

加工外圆过程中,车刀向工件中心移动则为进刀,远离中心则为退刀。加工内孔则刚好相反。

进刀必须缓慢转动刻度盘手柄使刻线转到所需要的格数。若多转过几格,那么绝不能将刻度盘简单地直接退回所要的刻度。由于丝杠与螺母之间有间隙存在,此时一定要反转约一周或向相反方向全部退回,以消除空行程,然后再转到所需要的格数。

小滑板刻度盘主要用于控制工件长度方向的尺寸。与加工圆柱面不同的是小滑板移动了多少,工件的长度就改变了多少。

(二)试切方法与步骤

工件安装在车床上后,根据工件的加工余量决定走刀次数和每次走刀的深度。半精车和精车时，为准确确定切深以保证工件加工的尺寸精度，只靠刻度盘进刀是不行的。刻度盘和丝杆都有误差，往往不能满足半精车和精车的要求，所以这就需要采用试切法，其方法与步骤如图 7-4 所示。

如下是试切加工的一个零件，如果尺寸太大，则进刀重新进行试切；如果尺寸合格，就按该背吃刀量将整个表面加工完毕。

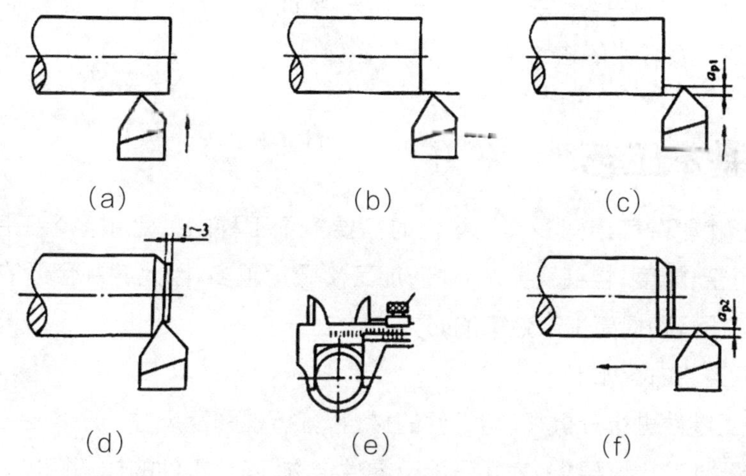

图 7-4　试切方法与步骤

(a)开机对刀，使车刀与工件表面轻微接触，记下中滑板刻度值；(b)向右纵向退刀；(c)横向进刀 a_{p1}；(d)手动纵向切进 1~3 mm；(e)退刀，测量工件直径；(f)如不合格，再进刀 a_{p2}。

(三)粗车与精车

(1)粗车的目的是尽快从工件上切去大部分加工余量，使工件接近最后的形状和尺寸。精度和表面粗糙度等要求较低，粗车要给精车留合适的加工余量。在生产实践中，加大背吃刀量不仅能提高生产率，而且对车刀的使用寿命影响不大。所以，在粗车时优先选用较大的切深，其次适当加大进给量，最后选定中等或中等偏低的切削速度。

(2)粗车和精车(或半精车)留的加工余量一般为 0.5~2 mm，加大切深对精车来说并不重要。精车的目的是要保证零件尺寸精度与表面粗糙度等技术要求，精加工的尺寸精度可达 I7~I17，表面粗糙度数值 Ra 达 1.6 μm~0.8 μm。精车的车削用量如表 7-1 所示。其尺寸精度主要是依靠准确地度量、准确地进刻度并加以试切来保证的。因此，操作时要细心认真。

精车时，提高表面粗糙度的措施是：

(1)选择合适的车刀几何形状。采用较小的主偏角、副偏角或刀尖磨有小圆弧的车刀，这些措施都会减少残留面积，可使 Ra 数值减少；

(2)选用较大的前角，并用油石打磨车刀的前刀面和后刀面，可使 Ra 数值减少；

表 7-1 精车切削用量

车削铸铁件		a_p/(mm)	f/(mm/r)	u/(mm/min)
		0.1~0.15	0.05~0.20	60~70
车削钢件	高速	0.3~0.50	—	100~120
	低速	0.05~0.10	—	3~5

(3)合理选择切削用量。为减少残留面积,从而提高表面质量,当选用高的切削速度、较小的切深以及较小的进给量。

七、车削基本工艺

在加工形状复杂和结构多样的零件时需要多个工种的配合和多个工序才能完成,零件结构越复杂,精度、粗糙度要求越高,加工步骤也越多,因此编制合适的车削加工工艺是提高加工质量和提高生产效率的必要方法之一。

制订加工工艺内容如下:

(1)对加工零件进行分析,确定零件的材料,分析视图及尺寸。

(2)依据零件的精度要求、表面质量及零件结构,确定零件的加工顺序。

(3)确定每道工序的加工余量及所用刀具。

(4)确定各道工序所用附件、夹具、加工方法、度量方法及加工尺寸。

(5)确定切削用量和工时定额。

(一)车外圆和车台阶

在车削加工中最常见最基本的是车外圆。卡盘上装夹的工件做旋转运动,在刀架上的刀作纵向进给,就可以车出外圆面。车外圆主要有以下几种形式,如图 7-5 所示。

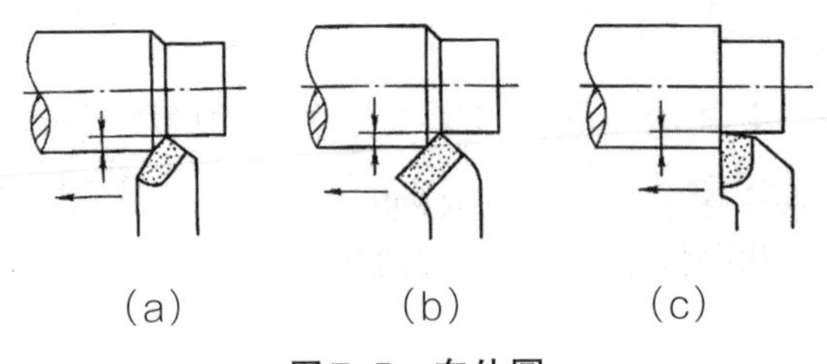

图 7-5 车外圆

(a)直头车刀;(b)弯头车刀;(c)90°偏刀

直头车刀适用于粗车外圆;弯头车刀适用于车外圆、端面、倒角和斜面;90°偏刀适用于车垂直台阶和细长轴。

车削高度在5 mm以下的台阶可在车外圆时一次性车出，车削高度高于5 mm以上应分层切削。为使主切削刃垂直于工件回转中心，首先应车好端面并对刀。为符合长度要求，可用钢尺确定台阶长度，用尖刀刻出线痕，一般线痕定的长度比所需的长度短，留有余量。但这种方法不是很准确。

（1）车外圆的步骤如下：

①依据毛坯直径的加工余量和背吃刀量确定进给次数。

②划线确定车削长度。

③调整车床主轴转速和进给量。

④试切外圆。

⑤纵向进给。

⑥检验。

（2）常见问题及产生原因见表7–2。

表7–2　车外圆和车台阶常见问题、产生原因和预防方法

常见问题	产生原因	预防方法
车端面		
毛坯车不到尺寸	1.毛坯余量不够 2.工件装夹时没有找正	1.车削前检查余量 2.装夹时仔细找正
达不到尺寸精度	1.没有掌握材料的收缩规律 2.量具误差大或测量不准	1.坚持试切，按尺寸切削 2.了解各种材料的收缩规律 3.仔细测量或更换量具
表面粗糙度达不到要求	1.各种原因引起的振动，如工件、刀具伸出太长，刚性不足；主轴轴承间隙过大；转动件不平衡；刀具的主偏角过小 2.后角过小，刀具后面和已加工面摩擦 3.切削用量选择不当	1.对各种振动因素提前予以注意，尽量减少它们的影响 2.选择适当的后角 3.选择适当的切削用量
产生锥度	1.卡盘装夹时，工件悬伸太长，受力后悬伸端晃动 2.床身导轨和主轴轴线不平行 3.一夹一顶或两顶尖安装时，后顶尖轴线和主轴轴线不重合 4.刀具磨损	1.尽可能缩短工件的悬伸 2.大修机床 3.调整尾座位置，使它的轴线和主轴线重合 4.重磨刀
产生椭圆	1.余量不均，没分粗精车 2.主轴轴承磨损，间隙过大 3.中心孔接触不好，回转顶尖顶得太松	1.分粗精车 2.换主轴轴承或调整间隙 3.研磨中心孔，把顶尖顶紧，检查回转顶尖

续表

常见问题	产生原因	预防方法
车台阶		
台阶不垂直轴线	1. 低台阶由于车刀装夹后主切削刃与轴线不垂直 2. 高台阶不垂直轴线的原因与端面产生凹凸原因相同	1. 磨刀时应使主切削刃与轴线垂直 2. 与解决端面“凹入、凸出”方法相同
台阶长度不正确	1. 看错图样或量错尺寸 2. 没及时停止自动进给，进给长度超过要求	1. 操作时集中精力 2. 及时或提前停止自动进给，用手动进给到位

(二)车端面

常用端面车刀和车端面的方法如图7-6所示。

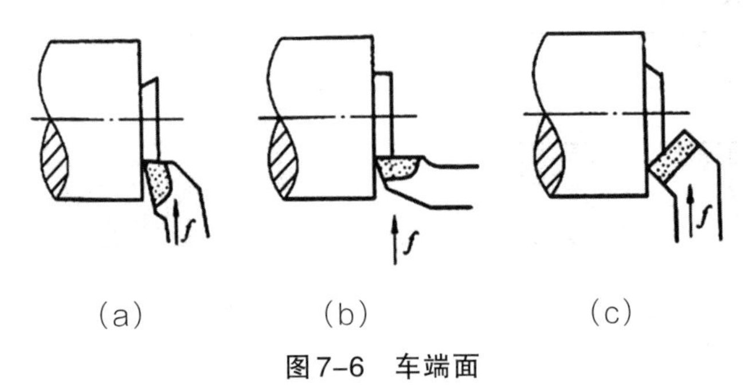

图7-6 车端面

(a)用左偏刀由外向中心车端面；(b)用右偏刀由外向中心车端面

(c)用弯头车刀由外向中心车端面

车端面时应注意以下几点：

(1)车刀刀尖要对准工件回转中心，避免端面中心留下凸台。

(2)工件中心处线速度较低，为获得较好的端面质量，车端面转速应比车外圆转速高一些。

(3)直径较大的端面，车削时应将床鞍锁紧在床身上，以防引起端面外凸或内凹。此时用小滑板调整背吃刀量。

(4)拖板镶条不应太松，车刀刀架压紧，防止让刀而产生凸面。

(5)精度要求高的端面应分粗、精加工。

常见问题及产生原因如表7-3。

表 7–3　车端面常见问题、产生原因和预防方法

常见问题	产生原因	预防方法
端面凹入或凸出	1.用右偏刀从外圆向中心进给床鞍未固定，刀具倾斜或尖扎入端面产生凹面 2.小滑板链条太松或回转刀架未压紧，车刀受力后离开端面产生凸面	1.车削前把床鞍固定 2.调整小滑板链条，使其不要太松，压紧回转刀架
毛坯面未车掉	加工余量不够或工件未找正	车削前检查毛坯余量是否足够

（三）切槽和切断

1.切槽

在工件表面切出沟槽的方法称为切槽。在车削中可以加工外槽、内槽等，如图 7–7 所示。

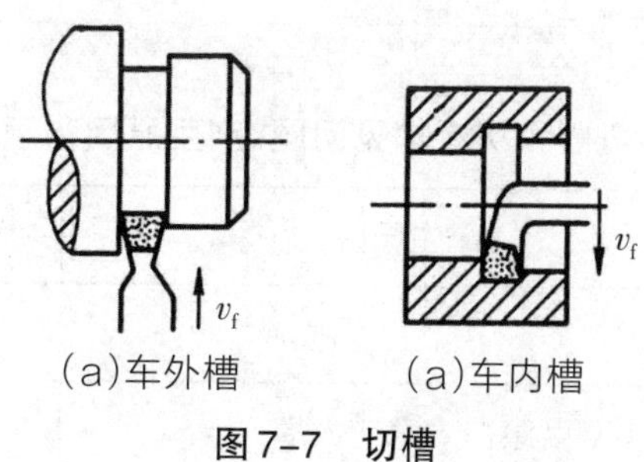

（a）车外槽　（a）车内槽

图 7–7　切槽

切槽所用的刀具是切槽刀。切槽刀有一条主切削刃和两条副切削刃，安装时，刀尖与工件轴线等高，主切削刃与工件轴线平行。切槽刀的刀头宽度较小，对于小于 5 mm 的槽可以用切槽刀一次切出；大于 5 mm 的槽称为宽槽，一般是粗车后精车，且为分段、多次切削。

2.切断

切断是将工件按尺寸要求或把已加工完的工件从材料上切下来的方法，如图 7–8 所示。由于切断时刀具伸入到工件中心，排屑和散热条件很差，常将切断刀的刀头高度加大，将主刃两边磨出斜刃，以利于排屑和散热。

图 7-8 切断

切槽、切断应注意以下几点:

(1)切槽、切断切削力较大,工件装夹要牢固,且防止夹坏工件。

(2)在手动进给时要均匀。

(3)切钢件时注意添加切削液冷却润滑。

(4)合理选择切削用量,切削速度不宜过快或过慢,在 40~60 mm/min 之间。

常见问题及产生原因如表 7-4。

表 7-4 切槽和切断常见问题、产生原因和预防方法

常见问题	产生原因	预防方法
切槽		
沟槽的宽度不正确	1. 刀头宽度磨得太宽或太窄 2. 测量不正确	1. 依沟槽宽度刃磨刀头宽度 2. 仔细、正确测量
沟槽的位置不正确	测量和定位不正确	正确定位,并仔细测量
沟槽的深度不正确	1. 没有及时测量 2. 尺寸计算错误	1. 切槽过程中及时测量 2. 仔细计算尺寸,对留有磨削余量的工件,切槽时必须把磨削余量考虑进去

续表

常见问题	产生原因	预防方法
切断		
切下的工件长度不对	测量不正确	正确测量
切下的工件表面凹凸不平	1.切断刀强度不够,主切削刃不平直,吃刀后由于侧向切削力的作用使刀具偏斜,致使切下的工件凹凸不平 2.刀尖圆弧刃磨或磨损不一致,使主切削刃受力不均而产生凹凸面 3.切断刀安装不正确 4.刀具角度刃磨不正确,两副偏角过大而且不对称,从而降低刀头强度,产生“让刀”现象	1.增强切断刀的强度,刃磨必须使主切削刃平直 2.刃磨时保证两刀尖圆弧对称 3.正确安装切断刀 4.正确刃磨切断刀,保证两副偏角对称
表面粗糙度达不到要求	1.两副偏角太小,产生摩擦 2.切削速度选择不当,没有加切削液 3.切削时产生振动 4.切屑拉毛已加工面	1.正确选择两副偏角的数值 2.选择适当的切削速度,并浇注切削液 3.采取防振措施 4.控制切屑形状和方向

(四)孔加工

在车床上可以用钻头进行钻孔、扩孔和用铰刀进行铰孔,为加工内圆柱孔、内螺纹及其他工序做准备。钻孔的尺寸公差等级为IT10级以下,表面粗糙度值*Ra*值为12.8μm。其操作步骤如下:

(1)车平端面,钻中心孔,为便于钻头定心,防止孔钻偏。

(2)装夹钻头。锥柄钻头直接装在尾座套筒内,如果锥柄过小则加过渡套筒;直柄钻头装在钻夹头内再装入尾座套筒内。

(3)调整尾座位置。松开尾座与床身的紧固螺栓螺母,移动尾座至钻头能进给所需长度后固定尾座。

(4)开车钻削。启动车床,用手轮带动钻头进行纵向进给钻削。刚接触工件时进给要慢,钻深孔须经常退回以便排屑。

(5)钻盲孔时要控制孔深。可在钻孔前量好钻头的长度再钻削。

车削孔是用内孔车刀对已钻出的孔做进一步的加工,通过工件转动及车刀移动的方法从毛坯上切去多余材料。精车孔后尺寸公差可达到IT7,表面粗糙度*Ra*值可达到0.8μm。

测量内孔的常用量具有游标卡尺、内径百分表、内径千分尺、塞规等。尺寸精度要求不太高的孔径，用游标卡尺测量；尺寸精度较高的孔径，用内径千分尺或内径百分表测量。

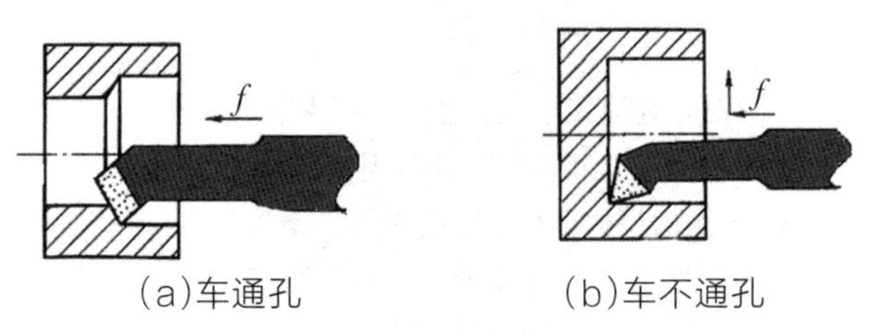

（a）车通孔　（b）车不通孔

图 7-9　车孔

常见问题及产生原因如表 7-5

表 7-5　孔加工常见问题、产生原因和预防方法

常见问题	产生原因	预防方法
钻孔		
孔扩大	1.钻头的顶角刃磨不正确 2.钻头的轴线和工件的轴线不重合	1.重磨钻头 2.调整尾座水平位置，使它的轴线和工件中心线重合
孔歪斜	1.工件端面不平 2.钻头刚性差，进给量过大	1.车平端面 2.减小进给量
孔错位	1.顶角不对称，且顶点不在钻头轴线上 2.尾座偏离中心	1.重磨钻头 2.重调尾座
车孔		
产生斜度	1.由于刀杆刚度差，容易产生“让刀”，使内孔成为锥孔 2.车孔刀磨损严重	1.降低切削用量重新车孔 2.重磨车刀

（五）车锥面

圆锥面可分为外锥面和内锥面。在机械制造业中应用较广，如车床上的主轴、锥孔、顶尖、钻头的锥柄等。特点是配合紧密，拆卸方便，而且多次拆卸仍能保持定心精度，图 7-10 所示为圆锥的主要尺寸。

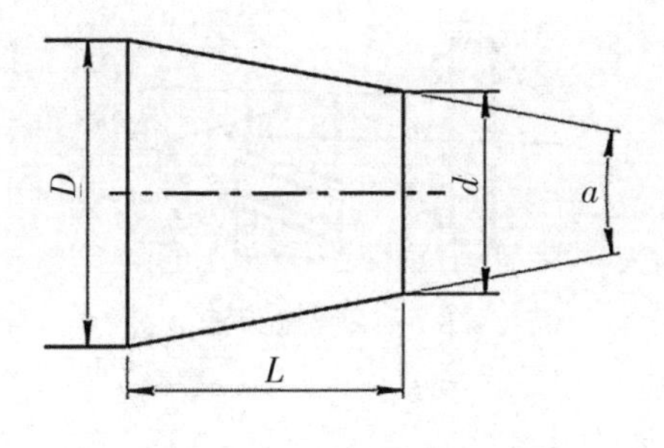

图 7-10　锥体主要尺寸

1. 车削圆锥锥度的计算方法

锥体计算公式：

锥度　　$K = \frac{D - d}{l} = \tan\frac{\alpha}{2}$

斜度　　$M = \frac{D - d}{2l} = 2\tan\frac{\alpha}{2}$

锥体各部分名称及代号：D-大头直径，d-小头直径，l-工件全长，α-锥角，$\alpha/2$-斜角。

2. 车锥面的方法

车锥面的方法通常有：小滑板转动法、尾座偏移法、宽刃法、靠模法等。

(1)小滑板转动法。将小滑板转过工件锥角的一半进行加工，此方法简单易行，可加工很大的内外圆锥面，精度也较高，但小滑板行程小，只能加工短的圆锥面，且不能自动进给，如图 7-11 所示。

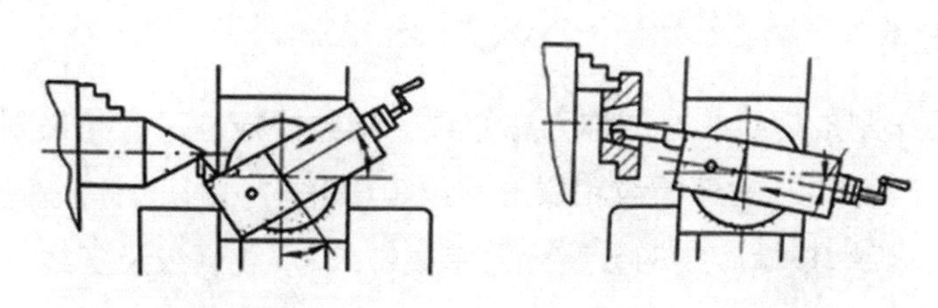

(a)车外圆锥面　　(b)车内圆锥面

图 7-11　小滑板转动法

(2) 尾座偏移法。将尾座顶尖横向偏移一个距离 d，使工件旋转轴线与车床主轴轴线的交角等于圆锥半角 $\alpha/2$，然后车刀纵向机动进给车出所需的锥面，可加工较长的锥面，表面粗糙度也较小，能自动进给，但一般加工的是锥度较小的外圆锥面。

(3) 宽刃法。利用宽刀横向进给直接车出圆锥面，可加工较短的内外圆锥面，加工方便，效率高，适用于批量生产，如图 7-12 所示。

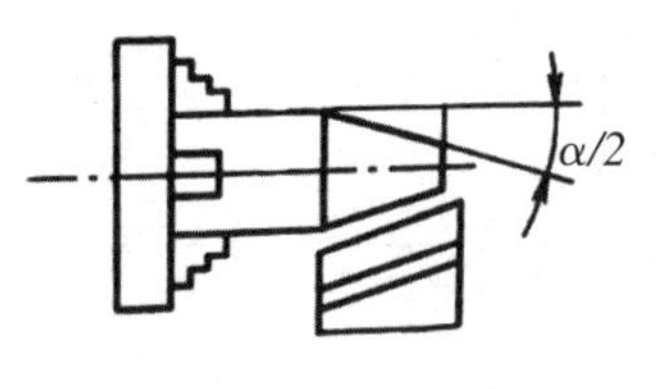

图 7-12　宽刃法

常见问题及产生原因如表 7-6。

表 7-6　车锥面常见问题、产生原因和预防方法

常见问题	产生原因	预防方法
锥度(角度)不正确	用转动小滑板法车削时: 1. 小滑板转动角度计算错误 2. 小滑板移动时松紧不均匀	1. 仔细计算小滑板应转的角度,反复试车校正 2. 调整塞铁使小滑板移动均匀
	用偏移尾座法车削时: 1. 尾座偏移位置不正确 2. 工件长度不一致	1. 重新计算和调整尾座偏移量 2. 如工件数量较多,各工件的长度必须一致
双曲线误差	车刀刀尖没有对准工件轴线	车刀刀尖必须严格对准工件轴线
最大和最小圆锥直径不正确	1. 未经常测量最大和最小圆锥直径 2. 未控制车刀的背吃刀量	1. 经常测量最大和最小圆锥直径 2. 及时测量,用计算法或移动床鞍法控制背吃刀量

(六)车螺纹

1. 螺纹的分类

将工件表面车削成螺纹的方法称为车螺纹。螺纹按标准可分为米制螺纹和英制螺纹,按牙形分为三角螺纹、方牙螺纹和梯形螺纹等(如图 7-13 所示),按螺旋线方向分为左旋螺纹和右旋螺纹,按螺旋线的数量分为单线螺纹、双线螺纹及多线螺纹。其中以米制、单线、右旋的普通三角螺纹最常用。

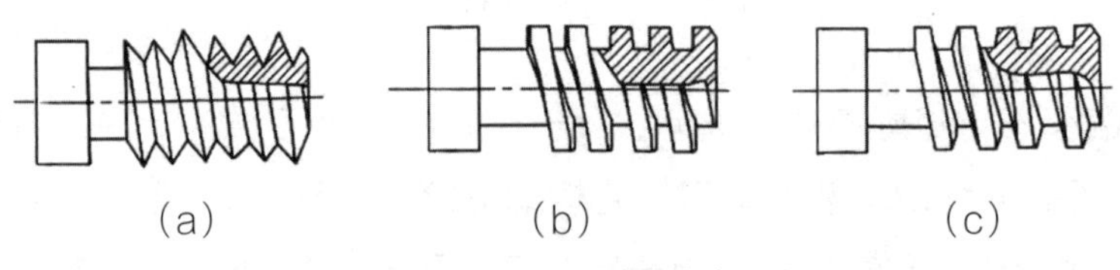

图 7-13　螺纹种类

(a)三角螺纹;(b)方牙螺纹;(c)梯形螺纹

如图 7-14 所示，普通米制螺纹的代号为 M，牙型为三角形，牙型角为 60°，英制螺纹为 55°，螺距为 P，螺纹公称直径为 D_d，内外螺纹小径为 D_1、d_1，内外螺纹中径为 D_2、d_2，H 为三角形高度，其中有：

$$D=d$$

$$d_1=D_1=d-1.08P$$

$$D_2=D_2=d-0.65P$$

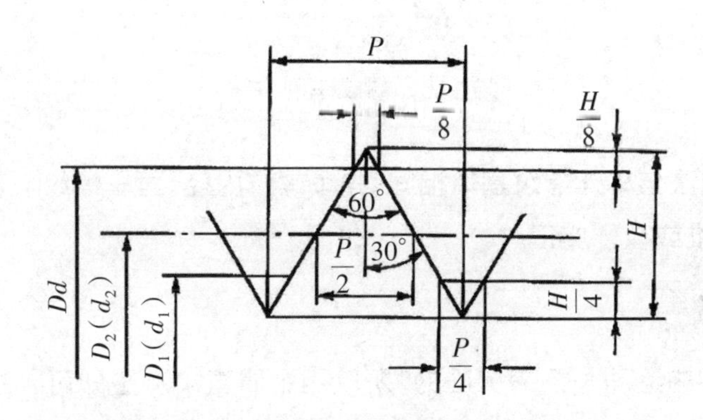

图 7-14　螺纹牙型

螺纹的牙型角、螺距和公称直径为螺纹的三要素，在加工螺纹时保证了这三要素，才能保证螺纹的质量。

2. 车削螺纹的方法步骤

以车外螺纹为例，介绍螺纹的车削方法。

（1）开机。如图 7-15a 所示，使车刀与工件轻微接触，读出刻度盘读数，退刀。

（2）合上开合螺母。如图 7-15b 所示，在工件表面上车出一条螺旋线，横向退出车刀，停机。

（3）开反车使车刀退到工件右端，如图 7-15c 所示，停机，用钢直尺检查螺距是否正确。

（4）利用刻度盘调整背吃刀量，开机切削，如图 7-15d 所示。

（5）车刀将至行程终止时，做好退刀准备，先快速退出车刀，然后停机开反车退回刀架，如图 7-15e 所示。

（6）再次横向吃刀继续切削，其切削过程的路线如图 7-15f 所示。

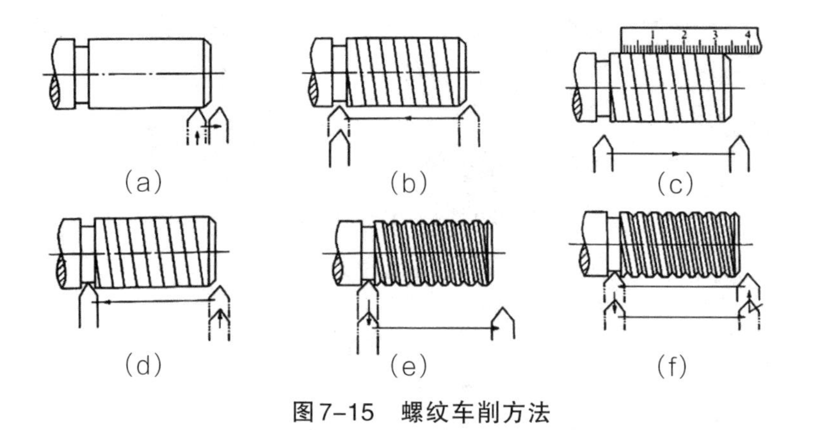

图7-15　螺纹车削方法

车内螺纹的方法与车外螺纹基本相同，先车螺纹内径，再车螺纹。对于直径较小的内、外螺纹可用丝锥或板牙加工。

3. 螺纹的测量

螺距是由车床的运动关系来保证的，所以用金属直尺测量即可。螺纹的测量主要是测量螺距、牙型角和螺纹中径。由于牙型角是由车刀的刀尖角以及正确安装来保证的，用样板同时测量螺距和牙型角，螺纹中径常用螺纹千分尺测量。

常见问题及产生原因如表7-7。

表7-7　车螺纹常见问题、产生原因和预防方法

常见问题	产生原因	预防方法
螺距不正确	1. 进给箱手柄位置错误或者交换齿轮搭配错误 2. 开合螺母自行抬起 3. 进给丝杠或主轴窜动量大	1. 在工件上先车一条很浅的螺旋线，测量螺距是否正确 2. 调整好主轴和丝杠的轴向窜动量和开合螺母间隙
牙型不正确	1. 车刀刀尖刃磨不正确 2. 车刀磨损 3. 车刀安装不正确	1. 正确刃磨车刀刀尖 2. 合理选用切削液并及时修磨车刀 3. 装夹时用样板对刀
中径不正确	1. 以顶径为基础控制切削深度，忽略顶径误差的影响 2. 刻度盘使用不当	1. 应考虑顶径误差的大小，调整切削深度 2. 正确使用刻度盘
表面粗糙度值大	1. 切削用量选择不当 2. 刀杆刚度不足，产生振动 3. 产生积屑瘤	1. 正确选择切削用量 2. 增大刀杆面积，并缩短刀杆的伸出长度 3. 用高速车刀车削时，应降低切削速度，并加切削液

八、综合实训：轴零件的车削

（1）给定条件：销轴零件如图7-16所示。销轴的材料为45钢，坯料为棒料。

（2）实训要求：按销轴零件图的技术要求，车削轴。

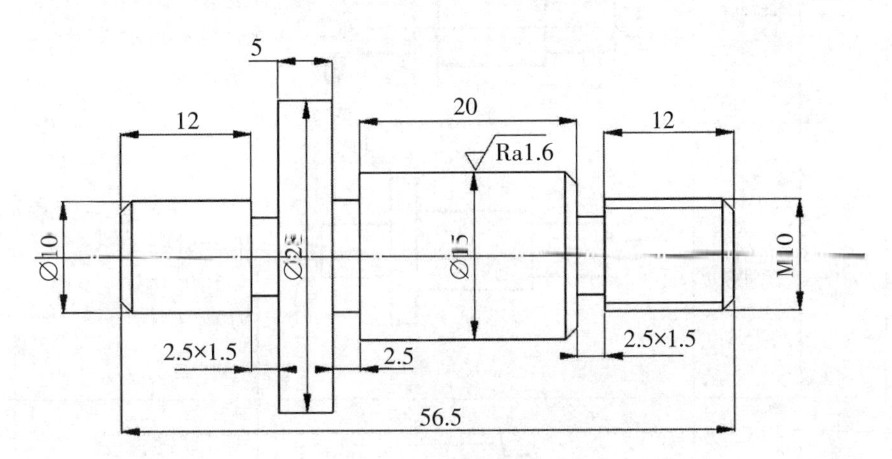

图7-16　车销轴零件

表7-8　车销轴加工工艺

序号	工种	刀具	加工简图	工序内容	量具
1	下料	—	—	下棒料Ø30 mmx 60 mm	钢直尺
2	车	左偏刀		车端面，钻中心孔，掉头车端面，保证总长	钢直尺
3	车	左偏刀	Ø28 Ø15 Ø10 14.5 37 56.5	用卡箍卡左端 粗车各外圆 Ø28 mmx56.5 mm Ø15 mmx37 mm Ø10 mmx14.5 mm 直径余量1 mm	游标卡尺

续表

序号	工种	刀具	加工简图	工序内容	量具
4	车	左偏刀		用双顶尖顶住两端粗车外圆 ∅10 mmx14.5 mm 直径余量 1 mm	游标卡尺
5	车	左偏刀 切槽刀		用双顶尖顶住两端精车外圆 ∅10 mmx14.5 mm 切槽、倒角	游标卡尺
6	车	切槽刀 左偏刀 螺纹刀		用双顶尖顶住两端精车外圆、切槽、倒角、车 M12 螺纹、保证长度	游标卡尺 螺纹样板

九、复习思考题

1. 车削加工有哪些特点?
2. 车床由哪几部分组成? 各部分有什么作用?
3. 常用车刀结构有哪些? 车刀材料的选择有哪些?
4. 车刀在安装过程中应注意哪些问题?
5. 试切的目的是什么? 结合操作进行说明。
6. 车削为什么要分粗车与精车?
7. 车端面应注意什么? 车锥面的方法有哪些?

课后拓展:

1. 观看《大国工匠》全国劳动模范洪家光坚守车间、默默奉献的先进事迹。
2. 观看《大国工匠》导弹点火"把关人"洪海涛的先进事迹。

项目八
其他特种加工实训

一、实训目的和要求

（1）理解特种加工的概念、特点、分类。

（2）了解电火花线切割加工和3D打印的工作原理、特点及应用。

（3）掌握线切割加工的基本原理，机床结构，工艺规律、特点和应用范围。

（4）掌握3D打印机的操作使用，了解3D打印机的结构及应用领域。

（5）了解其他的特种加工方法和特殊、复杂、典型难加工零件的特种加工技术。

二、特种加工安全注意事项

（1）实训的学生操作前应按规定穿戴好防护用品，女生应戴好工作帽，不许穿拖鞋、背心、短裤进入实训车间。不准在车间内吃零食，做与实训无关的事情。

（2）操作者必须熟悉线切割机床的操作技术，开机前应先按设备润滑要求，对机床有关部位注润滑油。

（3）操作者必须熟悉线切割的加工工艺，恰当地选取加工参数，按规定的操作顺序操作，防止造成断丝等故障。

（4）在装卸电极丝时，应注意防止电极丝扎手。另外换下来的电极丝应放到指定的容器里，防止混入电路和走丝系统中造成电器短路、触电和断丝等故障。手动停机时，要在储丝筒刚换向后尽快按下急停按钮，以免因惯性将钼丝冲断。

（5）正式加工前、应正确地确定工件的位置，防止碰撞丝架和超程撞坏丝杆、螺母等传动件。

（6）及时添加和更换工作液，并保持工作液循环系统的畅通及正常工作。

（7）停机时，应先停高频脉冲电源，后停工作液。线切割机床在最后关闭运丝电动机时，应在储丝筒刚换向后尽快按下停丝按钮。

三、特种加工实训种类概述

特种加工是指那些不属于传统加工工艺范畴的加工方法，它不同于使用刀具、磨具等直接利用机械能切除多余材料的传统加工方法。特种加工是近几年发展起来的新工艺，是对传统加工工艺方法的重要补充与发展，仍在继续研究开发和改进，直接利用电能、热能、声能、光能、化学能和电化学能，有时也结合机械能对工件进行加工。

(一)特种加工的分类

特种加工种类有很多，按所利用的能量形式来分类有以下几种：

(1)电能与热能作用方式：电火花加工(EDM)、电火花线切割加工(WEDM)、电子束加工(EBM)、等离子束加工(PAM)。

(2)电能与化学能作用方式：电解加工(ECM)、电镀加工 (ECM)、刷镀加工。

(3)电化学能与机械能作用方式：电解磨削(ECG) 、电解珩磨(ECH)。

(4)声能与机械能作用方式：超声波加工(USM)。

(5)光能与热能作用方式：激光加工(LBM)。

(6)电能与机械能作用方式：离子束加工(IM)。

(7)液流能与机械能作用方式：挤压珩磨(AFH)和水射流切割(WJC)。

(二)特种加工的特点

(1)特种加工技术是直接利用电能、光能、声能、热能、化学能、电化学能以及特殊机械能等多种能量或其复合应用以实现材料切除的加工方法。可以加工高强度、高硬度、高韧性、高脆性、耐高温等材料。

(2)解决难加工材料加工问题；各种复杂表面的加工问题；各种超精、光整及特殊要求零件的加工问题。

(3)特种加工区别于机械接触加工，作用时间短，热影响小，工件不易变形，加工的刀具硬度可以低于被加工材料的硬度。

(4)特种加工的加工质量易控制、可进行细小精密零件加工；无切屑或者粉末状切屑、易于自动化处理。

(5)能量密度高，能加工常规切削方法难以加工的材料，可以加工复杂型面、微细表面及柔性零件。

(三)特种加工的运用与发展

特种加工对现代加工技术的影响是深远的，特种加工技术在国际上被称为21世纪的技术，对新型武器装备的研制和生产，起到举足轻重的作用。随着新型武器装备的发展，国内外对特种加工技术的需求日益迫切。不论飞机、导弹，还是其他作战平台都要求降低结构重量，提高飞行速度，增大航程，降低燃油消耗，达到战机性能高、结构寿命长、经济可承受性好的目的。为此，上述武器系统和作战平台都要求采用整体结构、轻量化结构、先进冷却结构等新型结构。它改变了零件的传统工艺路线，缩短了新产品的试制周期。

特种加工的发展趋势：按照系统工程的观点，加大对特种加工的基本原理、加工机理、工艺规律、加工稳定性等深入研究的力度。同时，充分融合以现代电子技术、计算机技术、信息技术和精密制造技术为基础的高新技术，使加工设备向自动化、柔性化方向发展；从实际出发，大力开发特种加工领域中的新方法，包括微细加工和复合加工，尤其是质量高、效率高、经济型的复合加工，并与适宜的制造模式相匹配，充分发挥其特点；污染问题是影响和限制某些特种加工应用、发展的严重障碍，必须花大力气利用废气、废液、废渣，向“绿色”加工的方向发展。可以预见，随着科学技术和现代工业的发展，特种加工必将不断完善和迅速发展，反过来又必将推动科学技术和现代工业的发展，并发挥愈来愈重要的作用。

四、电火花线切割加工

(一)电火花线切割加工原理

电火花线切割机按走丝速度可分为高速往复走丝电火花线切割机（俗称“快走丝”）、低速单向走丝电火花线切割机（俗称“慢走丝”）。

电火花线切割加工的基本原理与电火花成型加工相同，但加工方式不同，它是用细金属丝作电极。线切割加工时，线电极一方面相对工件不断地往上（下）移动（慢速走丝是单向移动，快速走丝是往复移动），另一方面，装夹工件的十字工作台，由数控伺服电动机驱动，在x、y轴方向实现切割进给，使线电极沿加工图形的轨迹，对工件进行切割加工。如图8-1所示。

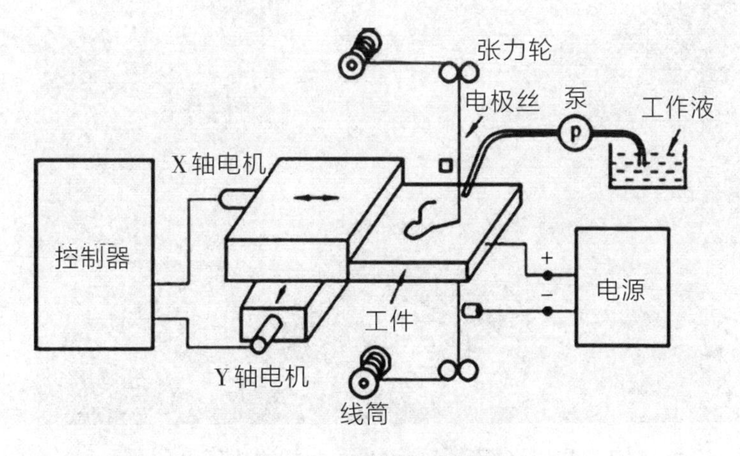

图8-1　线切割原理图

(二)电火花线切割机床的组成

电火花线切割机床主要由床身、工作台、切割装置、走丝结构、机床电器箱、工作液循环系统、脉冲电源、自动控制系统等组成,如图8-2所示。图8-3为江苏冬庆数控机床有限公司的DK7732Z型电火花线切割机床外形图,表8-1为线切割机床参数表。

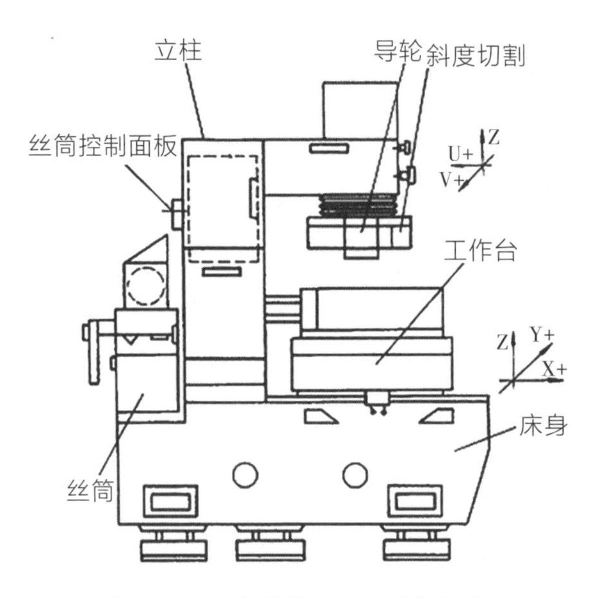

图8-2　电火花线切割机床的组成

图8-3　DK7732Z型电火花线切割机床外形图

表 8-1　DK7732Z 型电火花线切割机床参数表

项目	参数	项目	参数
型号	DK7732Z	外形尺寸	1550 mm × 1170 mm × 1700 mm
X 轴行程	320mm	Y 轴行程	400 mm
最大切割厚度	400mm	最大承载重量	200 kg
工作台面宽度	360mm	工作台面长度	610 mm
机床重量	1400kg	最大材料去除率	100 mm^2/min
丝线速度	11m/s	功率	2.3kW

(三)电火花线切割机床控制面板与控制软件

图 8-4 所示为 DK7732Z 型电火花线切割机床控制面板图，结合电脑软件（线切割控制编程系统 HL Wire Cut System，控制软件主界面如图 8-5 所示）控制机床进行编程、加工等，控制面板上各按键的功能说明如表 8-2 所示。

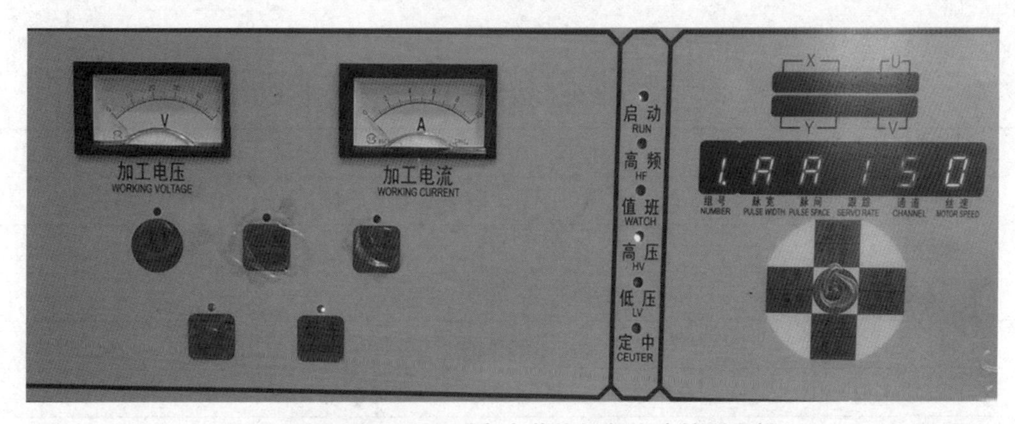

图 8-4　DK7732Z 型电火花线切割机床控制面板

图 8-5 DK7732Z 型电火花线切割机床控制软件主界面

表 8-2 DK7732Z 型电火花线切割机床控制面板按键功能

按键名称	功能
急停	按下切断总电源
运丝	按下运丝灯亮,启动运丝;再按运丝灯灭,停止运丝
水泵	按下水泵键灯亮,启动水泵;再按水泵键灯灭,停止水泵
保护	保护灯亮时,断丝时运丝和水泵随即停止;灯灭时,断丝不保护
左移	向左移动参数显示的光标
右移	向右移动参数显示的光标
增加	增加光标所在位置的参数值
减少	减少光标所在位置的参数值
确认	确认当前组号的加工参数
+值班	设置切割完毕后机床的停机方式
+电压	选择加工电压
+定中	切换自动分中和正常切割
+启动	启动电器电源

说明:①带“+”的键为复合键,需先按住“确认”键,再按此键;

②在电器没有启动时,按“确认”键可以快捷地启动。

表8-3　DK7732Z型电火花线切割机床参数显示灯说明

指示灯	含义
启动	设备是否启动
高频	是否使用精修电源切割
值班	切割完毕后是否关闭所有电源
高压	高电压加工
低压	低电压加工
定中	是否执行电脑操作自动找边或自动分中
组号	第几组高频放电参数
脉宽	放电的时间
脉间	不放电的时间
跟踪	放电间隙
通道	放电功率放大管的个数
丝速	运丝的速度

(四)加工步骤

电火花线切割加工一般操作步骤:加工前先准备好工件毛坯、压板、夹具等装夹工具,若需切割内腔形状工件,毛坯应预先打好穿丝孔,然后按以下步骤操作:

(1)启动机床电源进入系统;

(2)检查系统各部分是否正常,包括电压、水泵、丝筒等运行情况;

(3)装夹工件,根据工件厚度调整Z轴至适当位置并锁紧;

(4)进行储丝筒上丝、穿丝和电极丝找正操作;

(5)移动X、Y轴坐标确定切割起始位置;

(6)启动走丝系统;

(7)开启工作液泵,调节喷嘴流量;

(8)运行加工程序开始加工,调整加工参数;

(9)监控运行状态,如发现堵塞工作液循环系统应及时疏通,及时清理电蚀产物,但在整个切割过程中,均不宜变动进给控制按钮;

(10)每段程序切割完毕后,一般都应检查纵、横拖板的手轮刻度是否与指令规定的坐标相符,以确保高精度零件加工的顺利进行,如出现差错,应及时处理,避免加工零件报废。

(五)工件装夹

线切割加工工件的安装一般采用通用夹具及夹板固定。由于线切割加工时作用力小,装夹时夹紧力要求不大,且加工时电极丝从上到下穿过工件,被工件切割部分要悬空,因此对线切割工件的安装有一定有要求。

(1)工件的装夹基准面要光洁无毛刺。

(2)夹紧力要均匀,不得使工件变形或翘起。

(3)装夹位置要有利于工件的找正,且要保证在机床加工行程范围内。

(4)所用的夹具精度要高,以确保加工精度。

(5)细小、精密及薄壁工件应先固定在辅助夹具上再装夹到工作台。

常用的装夹方法有悬臂支撑、两端支撑、桥式支撑、板式支撑等。

(六)确定电极丝起点位置

可用目测找正法、火花找正法及自动找正法将电极丝调整到切割的起始坐标位置。线切割加工之前,必须将电极丝定位在一个相对工件基准的确切点,作为切割的起始坐标点,即工件的编程起点。

(1)目测法。目测法是利用钳工或钻削加工工件穿丝孔所划的十字中心线,目测电极丝与十字基准线的相对位置。调整时,移动工作台,使电极丝中心在X、Y两个方向上分别与十字基准线重合。目测法适用于加工精度要求较低的工件。

(2)火花法。火花法是利用电极丝与工件在一定间隙下发生放电火花来调整电极丝位置的方法。调整时,移动工作台(拖板)使工件的基准面逐渐靠近电极丝,在发生火花的瞬时,记下工作台(拖板)的相应坐标。然后根据工件的外形尺寸,得出工件在某一轴的中心,再根据放电间隙推算电极丝中心的坐标。计算方法为:工件外形尺寸/2+电极丝的半径+单边放电间隙。此方法为单边找中心,简单易行,但往往因放电间隙的存在而产生误差。

(3)自动找中心。自动找中心是让电极丝在工件的穿丝孔的中心自动定位。穿丝孔上丝后,可以经过机床自动找正功能将电极丝定位在穿丝孔的中心。按下自动功能键,工作台自动向正X轴方向移动,使电极丝和孔壁接触,控制系统自行记下坐标值X_1,再向反方向移动工作台,记下相应坐标值X_2,然后移动工作台使电极丝位于穿丝孔在X轴方向的中心。同理,得到Y轴的中心。

（七）软件操作步骤

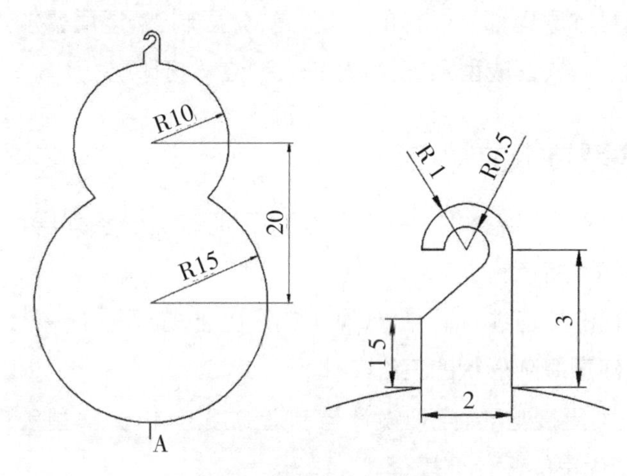

图 8-6　线切割加工实例

（1）绘制如图 8-6 的加工实例图，其中 A 点为线切割的切入起点，并保存为 DXF 文件；

（2）鼠标单击“文件调入”，按 F4 切换文件磁盘，选择需要加工的文件，如 DXF 图形文件；

（3）鼠标单击“格式转换”，选择 DXF→DAT，将调入的 DXF 文件转换为 DAT 文件；

（4）鼠标单击“Pro 绘图编程”，进入绘图编程界面；

（5）单击绘图编程界面里的“打开文件”，选择需要加工的 DAT 文件，并打开；

（6）再单击“数控程序”，进入加工参数设置界面；

（7）单击“加工路线”，确定加工起点、切割方向、补偿大小等参数；

（8）设置好加工参数后，单击“代码存盘”，再单击“退回”，回到绘图编程界面；

（9）在绘图编程界面中单击“文件存盘”，然后单击“退出系统”；

（10）在主界面中单击“加工 #1”，然后单击“切割”，进入加工界面；

（11）选择需要加工的 3B 文件，并打开；

（12）根据界面中的各指令确认操作后，开始加工。

五、快速成型与 3D 打印

快速成型（RP）技术是 20 世纪 90 年代发展起来的一项先进制造技术，是为制造业企业新产品开发服务的一项关键共性技术，对促进企业产品创新、缩短新产品开发周期、提高产品竞争力有积极的推动作用。自该技术问世以来，已经在发达国家的制造业中得到了广泛应用，并由此产生一个新兴的技术领域。快速成型技术是在现代 CAD/CAM

技术、激光技术、计算机数控技术、精密伺服驱动技术以及新材料技术的基础上集成发展起来的。不同种类的快速成型系统因所用成型材料不同，成型原理和系统特点也各有不同。但是，其基本原理都是一样的，那就是“分层制造，逐层叠加”，类似于数学上的积分过程。形象地讲，快速成型系统就像是一台“立体打印机”。

（一）快速成型技术的特点

快速成型技术将一个实体的复杂的三维加工离散成一系列层片的加工，大大降低了加工难度，具有如下特点：

（1）成型全过程的快速性，适合现代激烈的产品市场；

（2）可以制造任意复杂形状的三维实体；

（3）用CAD模型直接驱动，实现设计与制造高度一体化，其直观性和易改性为产品的完美设计提供了优良的设计环境；

（4）成型过程无须专用夹具、模具、刀具，既节省了费用，又缩短了制作周期。

（5）技术的高度集成性，既是现代科学技术发展的必然产物，也是对它们的综合应用，带有鲜明的高新技术特征。

以上特点决定了快速成型技术主要适合于新产品开发，快速单件及小批量零件制造，复杂形状零件的制造，模具与模型设计与制造，也适合于难加工材料的制造，外形设计检查，装配检验和快速反求工程等。

（二）快速成型技术分类

3D打印技术是一系列快速原型成型技术的统称，其基本原理都是叠层制造，由快速原型机在X-Y平面内通过扫描形式形成工件的截面形状，而在Z坐标间断地作层面厚度的位移，最终形成三维制件。目前市场上的快速成型技术分为3D打印技术、熔融层积成型技术、立体平版印刷技术、选区激光烧结、激光成型技术和紫外线成型技术等。

1.3D打印技术

采用3D打印技术的3D打印机使用标准喷墨打印技术，通过将液态联结体铺放在粉末薄层上，以打印横截面数据的方式逐层创建各部件，创建三维实体模型，采用这种技术打印成型的样品模型与实际产品具有同样的色彩，还可以将彩色分析结果直接描绘在模型上，模型样品所传递的信息较大。

2.熔融层积成型技术

熔融层积成型技术是将丝状的热熔性材料加热融化，同时三维喷头在计算机的控制下，根据截面轮廓信息，将材料选择性地涂敷在工作台上，快速冷却后形成一层截面。

一层成型完成后，机器工作台下降一个高度（即分层厚度）再成型下一层，直至形成整个实体造型。其成型材料种类多，成型件强度高、精度较高，主要适用于成型小塑料件。

3. 立体平版印刷技术

SLA 立体平版印刷技术以光敏树脂为原料，通过计算机控制激光按零件的各分层截面信息在液态的光敏树脂表面进行逐点扫描，被扫描区域的树脂薄层产生光聚合反应而固化，形成零件的一个薄层。一层固化完成后，工作台下移一个层厚的距离，然后在原先固化好的树脂表面再敷上一层新的液态树脂，直至得到三维实体模型。该方法成型速度快，自动化程度高，可成型任意复杂形状，尺寸精度高，主要应用于复杂、高精度的精细工件快速成型。

4. 选区激光烧结技术

选区激光烧结技术是通过预先在工作台上铺一层粉末材料（金属粉末或非金属粉末），然后让激光在计算机控制下按照界面轮廓信息对实心部分粉末进行烧结，然后不断循环，层层堆积成型。该方法制造工艺简单，材料选择范围广，成本较低，成型速度快，主要应用于铸造业直接制作快速模具。

5. 激光成型技术

激光成型技术和立体平版印刷技术比较相似，不过它是使用高分辨率的数字光处理器（DLP）投影仪来固化液态光聚合物，逐层地进行光固化，由于每层固化时通过幻灯片似的片状固化，因此速度比同类型的立体平版印刷技术速度更快。该技术成型精度高，在材料属性、细节和表面光洁度方面可匹敌注塑成型的耐用塑料部件。

6. 紫外线成型技术

紫外线成型技术和立体平版印刷技术比较相似类似，不同的是它利用紫外线照射液态光敏树脂，一层一层由下而上堆栈成型，成型的过程中没有噪声产生，在同类技术中成型的精度最高，通常应用于精度要求高的珠宝和手机外壳等行业。

（三）快速成型工艺的基本流程

快速成型是基于离散堆积的制造技术,其工艺流程如图 8-7 所示。首先应用各种三维 CAD 造型系统进行三维实体造型,建立三维 CAD 数据模型,然后转换成可被快速成型系统接受的数据文件,如 STL、IGES 等格式文件,用分层软件将三维实体模型在高度方向离散切成一系列的二维薄片,最后在计算机控制下根据切片的轮廓和厚度要求,用液体、片材、丝材或粉末材料制成所要求的薄片,并逐层堆积成三维实体原型。

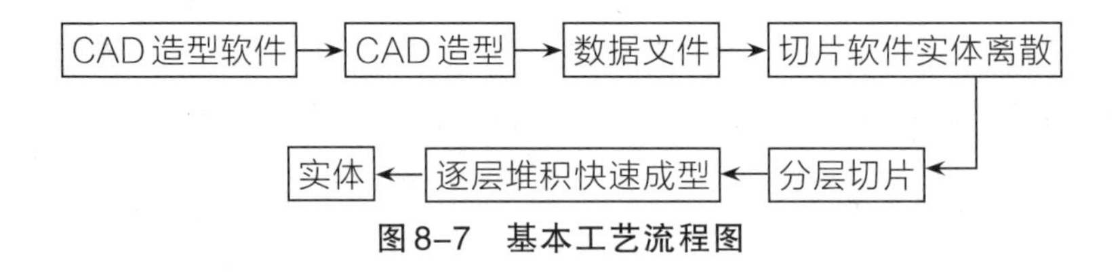

图8-7　基本工艺流程图

（1）模型建立设计人员可以应用各种三维CAD造型系统，如Solidworks、Pro/E等进行三维实体造型，建立三维CAD数据模型；也可通过三坐标测量仪、激光扫描仪、实体摄像等方法对三维实体进行反求，获取三维数据，以此建立实体的CAD模型。

（2）文件生成由三维造型系统将零件CAD数据模型转换成一种可被快速成型系统所能接受的数据文件，如STL、IGES等格式文件。

（3）分层切片是将三维实体沿给定方向（一般为Z向）切成一个个二维薄片的过程，其厚度可根据快速成型系统进行控制,精度在0.05~0.5 mm之间。

（4）快速成型系统根据切片的轮廓和厚度要求,用液体、片材、丝材或粉末材料制成所要求的薄片,通过一片片的堆积,最终完成三维形体原型的制备。

（四）快速成型技术发展趋势

快速成型技术虽然有其巨大的优越性，但是也有它的局限性，由于可成型材料有限，零件精度低，表面粗糙度高，原型零件的物理性能较差，成型机的价格较高，运行制作的成本高等，所以在一定程度上成为该技术推广普及的瓶颈。从目前国内外快速成型技术的研究和应用状况来看，快速成型技术的进一步研究和开发的方向主要表现在以下几个方面：

（1）大力改善现行快速成型制作机的制作精度、可靠性和制作能力，提高生产效率，缩短制作周期。尤其是提高成型件的表面质量、力学和物理性能，为进一步模具加工和功能试验提供平台。

（2）随着成型工艺的进步和应用的扩展，其概念逐渐从快速成型向快速制造转变，从概念模型向批量定制转变，成型设备也向概念型、生产型和专用型三个方向分化。

（3）开发性能更好的快速成型材料。材料的性能既要利于原型加工，又要具有较好的后续加工性能，还要满足对强度和刚度等不同的要求。

（4）提高快速成型系统的加工速度和开拓并行制造的工艺方法。目前即使是最快的快速成型机也难以完成。快速成型机向快速和多材料的制造系统发展，可以直接面向产品制造完成如注塑和压铸成型的快速大批量生产。

（5）开发直写技术。直写技术对于材料单元有着精确的控制能力，开发直写技术，是快速快速成型技术的材料范围扩大到细胞等活性材料领域。

（6）开发用于快速成型的RPM软件。这些软件有快速高精度直接切片软件，快速造型制造和后续应用过程中的精度补偿软件，考虑快速成型原型制造和后续应用的CAD等。

(7)开发新的成型能源。目前大多数成型机都是以激光作为能源，而激光系统的价格和维修费用昂贵，并且传输效率较低。这方面也需要得到改善和发展。

(8)RPM与CAD、CAM、CAPP、CAE以及高精度自动测量、逆向工程的集成一体化。该项技术可以大大提高新产品第一次投入市场就十分成功的可能性，也可以快速实现反求工程。

(9)研制新的快速成型方法和工艺，直接金属成型工艺将是以后的发展焦点。

(10)提高网络化服务，进行远程控制，实现全球化异地协同合作。

(五)3D打印技术

3D打印(3D printing)，属于快速成型技术的一种，它是以一种数字模型为基础，运用粉末状金属或塑料等可黏合材料，通过逐层堆叠累积的方式来构造物体的技术(即“积层造型法”)。过去其常在模具制造、工业设计等领域被用于制造模型，现正逐渐用于一些产品的直接制造。特别是一些高价值应用(比如髋关节、牙齿或一些飞机零部件)已经有使用这种技术打印而成的零部件。

1.3D打印原理

不同种类的3D打印系统可能使用的成型材料不同，成型原理和操作系统也可能各不相同，甚至有自己独有的特点，但它们基本工作原理都是一样的，那就是“分层制造、逐层叠加”，可以形象地比喻为一台“立体打印机”，即将一个复杂的三维物理实体模型离散成一系列二维层片进行叠层堆积成型，是一种降维制造的思想，大大降低了加工难度，并且成型过程的难度与待成型的物理实体模型的形状和结构的复杂程度无关。3D打印技术彻底摆脱了传统机械加工的“去除”加工法，而是采用全新的“增材”加工制造方法。其整个成型过程是在没有任何刀具、模具及工装卡具的情况下，快速直接地实现零件单件生产的，这个过程只需很短的时间。3D打印的设计过程是:先通过计算机辅助设计(CAD)或计算机动画建模软件建模，再将建成的三维模型“分区”成逐层的截面，从而指导打印机逐层制造。

2.3D打印流程

(1)三维设计。三维打印的设计过程是:先通过计算机建模软件建模，再将建成的三维模型“分区”成逐层的截面，即切片，从而指导打印机逐层打印。设计软件和打印机之间协作的标准文件格式是STL文件格式。一个STL文件使用三角面来近似模拟物体的表面。三角面越小其生成的表面分辨率越高。

(2)切片处理。打印机通过读取文件中的横截面信息,用液体状、粉状或片状的材料将这些截面逐层地打印出来,再将各层截面以各种方式黏合起来从而制造出一个实体。这种技术的特点在于其几乎可以造出任何形状的物品。打印机打出的截面的厚度(即Z方向)以及平面方向即X-Y方向的分辨率是以dpi(像素每英寸)或者微米来计算的。一般的厚度为100 μm,即0.1毫米,也有部分打印机如ObjetConnex系列还有三维Systems'ProJet系列可以打印出16 μm薄的一层。而平面方向则可以打印出跟激光打印机相近的分辨率。打印出来的"墨水滴"的直径通常为50到100个微米。用传统方法制造出一个模型通常需要数小时到数天,根据模型的尺寸以及复杂程度而定。而用三维打印则可以将时间缩短为数小时,当然其是由打印机的性能以及模型的尺寸和复杂程度而定的。传统的制造技术如注射法可以以较低的成本大量制造聚合物产品,而三维打印技术则可以以更快、更有弹性以及更低成本地生产数量相对较少的产品。一个桌面尺寸的三维打印机就可以满足设计者或概念开发小组制造模型的需要。

(3)完成打印。三维打印机的分辨率对大多数应用来说已经足够,要获得更高分辨率的物品可以通过如下方法:先用当前的三维打印机打出稍大一点的物体,再稍微经过表面打磨即可得到表面光滑的"高分辨率"物品。有些技术可以同时使用多种材料进行打印。有些技术在打印的过程中还会用到支撑物,比如在打印出一些有倒挂状的物体时就需要用到一些易于除去的东西作为支撑物。

六、综合实训:样例打印

1. 打印机初始化

3D打印机每次打印时都需要初始化。在初始化期间,打印平台和打印头缓慢移动,并会碰到XYZ轴的限位开关。只有在初始化过后,软件其他选项才会被激活。

2. 平台校准和喷嘴对高

平台校准是成功打印最重要的步骤,因为它确保第一层的黏附。理想情况下,喷嘴和平台之间的距离是恒定的,在首次使用或后期打印过程中明显出现平台倾斜等问题时,需要通过打印机配套软件上的自动或手动调整功能进行调整。如果打印设备运行正常,可跳过此步。

在3D打印菜单中,选择"自动水平校准"。校准探头将被放下,并开始探测平台上的9个位置。在探测平台之后,调平数据将被更新,并储存在机器内,调平探头也将自动缩回。

当自动调平完成并确认后,喷嘴对高将会自动开始。喷头会移动至喷嘴对高装置上方,平台会慢慢上升直到对高装置触碰到喷嘴以完成高度测量。

3. 准备打印

（1）确保打印机打开，并连接计算机。

（2）点击“挤出”按钮，打印头将开始加热，其温度达到打印材料融化温度要求，常用的聚乳酸（PLA）材料温度为195 ℃，丙烯腈-丁二烯-苯乙烯树脂（ABS）材料为260 ℃，打印机将发出蜂鸣声，打印头开始挤出丝材。

（3）丝材添加。在“挤出”功能下，将丝材通过打印机导管插入打印头，丝材在达到打印头内的挤压机齿轮时，会被自动带入打印头，直到喷嘴流出融化后的丝材为止。

4. 开始打印

（1）材料参数模块化设置。设备初始化后，点击维护—材料—类型选择自定义，添加材料名称和制造商名称，选择添加打印机型号，选择喷嘴直径、层厚和打印质量，打印参数便处于可编辑状态，可以修改打印温度、设置材料参数等。所有参数设置好后，点击导出保存，如图8-8所示。

图8-8 UP Studio 软件界面

（2）点击维护—材料类型—自定义，导入刚才设置好的参数文件，自定义材料表中多了一行材料参数。选择材料—类型—新增加的一行，打印时便会按照设定值去打印。

（3）导入打印文件，模型导入后观察打印位置是否合适，模型导入后点击打印—填充，选择填充密度。如图8-9所示。

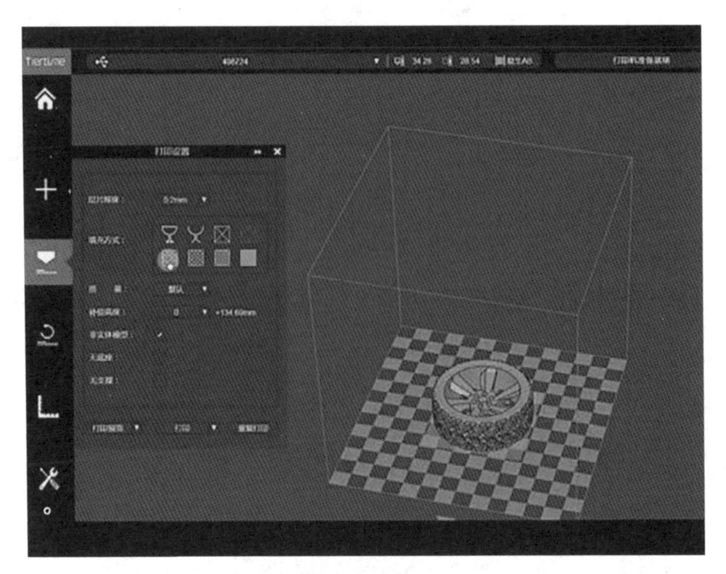

图 8–9　导入零件图

（4）打印预览。在预览中可以查看打印时间和材料损耗，点击播放可以仿真打印过程，确认好打印预览后退出预览，点击打印便可以开始打印。

七、常见问题及解决措施

1. 发生断丝

在加工过程中出现断丝现象，既降低产品质量又影响生产效率。造成断丝的因素很多，具体有：

（1）电极丝差或损耗造成断丝。为了避免断丝，也为了保证加工，应选择好的电极丝，并及时更换电极丝。

（2）装丝差引起断丝现象。装丝时出现隔断导电块、丝不在导轮中、换向时撞块调节不及时等现象，均会导致断丝。应正确安装。

（3）参数不合理引起断丝。一般情况下，加工电流、脉冲宽度、变频跟调节不当都是断丝的重要原因。应兼顾加工速度、表面粗糙度及稳定性，正确选择脉冲电源加工参数，防止或减少断丝故障。

断丝后步进电机应仍保持在“吸合”状态。去掉较少一边废丝，把剩余钼丝调整到贮丝筒上的适当位置继续使用。因为工件的切缝中充满了乳化液杂质和电蚀物，所以一定要先把工件表面擦干净，并在切缝中先用毛刷滴入煤油，使其润湿切缝然后再在断点处滴一点润滑油，这一点很重要。选一段比较平直的钼丝，剪成尖头，并用打火机火焰烧烤这段钼丝，使其发硬，用镊子捏着钼丝上部，悠着劲在断丝点顺着切缝慢慢地每次 2~3 mm 地往下送，直至穿过工件。如果原来的钼丝实在不能再用的话，可更换新丝。新丝在断丝点往下穿，要看原丝的损耗程度，如果损耗较大，切缝也随之变小，新丝则穿不过去，这时可用一小片细纱纸把要穿过工件的那部分丝打磨光滑，再穿就可以了。使用该方法可使机床的使用效率大为提高。

2. 出现短路

短路就是电极丝与工件接触面不放电切削的现象。排屑不良是引起短路的主要原因之一。导轮和导电块上的电蚀物堆积严重，不及时清理；工作液浓度太高；加工参数选择不当都可能导致排屑不畅。另外，切割时产生的大量不导电物质也可引起短路。

当短路发生时，先关断自动、高频开关，关掉工作液泵，用刷子蘸上渗透性较强的汽油、煤油、乙醇等溶剂，反复在工件两面随着运动的钼丝向切缝中渗透（要注意钼丝运动的方向）。直至用改锥等工具在工件下端轻轻地沿着加工的反方向触动钼丝，工件上端的钼丝能随着移动即可。然后，开启工作液泵和高频电源，依靠钼丝自身的颤动，恢复放电，继续加工。

3. 工件质量差

线切割制件的好坏直接关系到后续使用情况。零件除了表面和加工精度，要考虑到加工速度和电极损耗情况。因此切割路线应向远离工件夹具的方向进行，即先加工非固定边，后加工固定边，尽量保持材料对工件的支持刚度，防止因工件强度下降或材料内应力的释放而产生过量变形。另外，工艺程序设计时应根据工件的尺寸要求和电极丝的实际直径对工件理论尺寸进行补偿。尺寸补偿应包括尺寸大小和方向的补偿。

八、复习思考题

1. 简述电火花加工的原理及特点。
2. 电火花加工机床由哪几部分组成？
3. 电火花加工适用哪些零件和表面的加工？
4. 简述线切割加工的步骤。
5. 绘制如图所示零件图，并简述其线切割加工步骤。

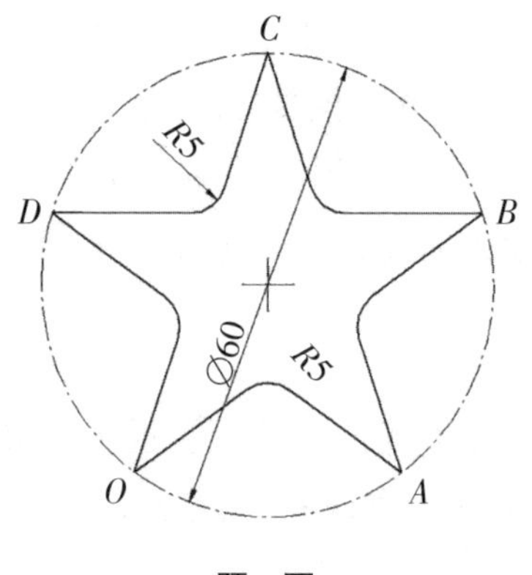

题5图

6. 简述快速成型的种类。

7. 快速成型技术的发展领域有哪些?

8. 简述3D打印的原理。

9. 什么是三维建模?

10. 使用三维软件建模并尝试打印出来。

课后拓展:

1. 查询其他特种加工的加工方式及其加工原理,了解各特种加工在生产制造中的应用及发展现状。

2. 了解工匠精神的内涵,结合线切割实训课程,谈谈如何在实训中践行工匠精神。

3. 通过网络学习我国快速成型技术发展史。

4. 通过网络查阅2020年我国首次完成太空“3D打印”的事迹。

参考文献

[1]. 田双，梁毅，吕林．本科院校工程实训中心规划建设[J]. 实验技术与管理，2017，34(02).

[2]. 田双，梁毅，黄成泉，等．面向学生产出的焊接实训现代化教学体系建设[J]. 电焊机，2021，51(07).

[3]. 段维峰，翟德梅．金工实训教程[M]. 北京：机械工业出版社，2012.

[4]. 邹全乐，宋遥，刘涵，等．基于“三进”专题工作、融入思政教育的“安全法学”课程教学改革[J]. 高教学刊，2021(05).

[5]. 陈丽娟．现代机械加工中数控技术的应用[J]. 内燃机与配件，2021(12).

[6] 李婷．数控车削加工技术的应用特点及原则[J]. 造纸装备及材料，2020，49(6).

[7]. 杨进德，周峥嵘．金工实训[M]. 成都：西南交通大学出版社，2012.

[8]. 段贤勇，王甫，陆卫娟，等．钳工实训[M]. 成都：电子科技大学出版社，2013.

[9]. 陈莛，雷鸣，曾勇刚．金工实训[M]. 重庆：重庆大学出版社，2016.

[10]. 刘海，孙思炯．焊接技能实训[M]. 天津：天津大学出版社，2011.

[11]. 中国机械工程学会焊接分会．焊接技术路线图[M]. 北京：中国科学技术出版社，2016.

[12]. 张曰浩，钟全雄，王象磊．工程训练中激光加工实训教学模式探索[J]. 新课程研究，2021(3).

[13]. 郝兴安，董建明，周俊波，等．激光加工实训课程教学实践探索与研究[J]. 教育教学论坛，2021(6).

[14]. 何广川．浅谈激光加工技术的现状及发展[J]. 现代制造技术与装备，2020，56(10).

[15]. 张幼祯．精密加工的现状及发展(下)[J]. 航空精密制造技术，1990(02).

[16]. 李立．分析机械制造业的特种加工[J]. 中小企业管理与科技，2020(30).